José Heriberto Simental Vázquez

Lanzador Automatizado de Bolas de Béisbol

José Heriberto Simental Vázquez

Lanzador Automatizado de Bolas de Béisbol

Diseño y desarrollo de un Lanzador Automatizadode Bolas de Béisbol

Editorial Académica Española

Imprint
Any brand names and product names mentioned in this book are subject to trademark, brand or patent protection and are trademarks or registered trademarks of their respective holders. The use of brand names, product names, common names, trade names, product descriptions etc. even without a particular marking in this work is in no way to be construed to mean that such names may be regarded as unrestricted in respect of trademark and brand protection legislation and could thus be used by anyone.

Cover image: www.ingimage.com

Publisher:
Editorial Académica Española
is a trademark of
Dodo Books Indian Ocean Ltd. and OmniScriptum S.R.L publishing group

120 High Road, East Finchley, London, N2 9ED, United Kingdom
Str. Armeneasca 28/1, office 1, Chisinau MD-2012, Republic of Moldova, Europe
Printed at: see last page
ISBN: 978-613-9-41012-5

Libro: “Diseño y desarrollo de un Lanzador Automatizado de Bolas de Béisbol”

Autores:

Alfonso Sierra Chacón

Efrén Armando Lujan Sandoval

José Heriberto Simental Vázquez

Coautores:

Oscar Iván Soto Guaderrama

Yolanda Isabel Villalobos Morales

ÍNDICE

INDICE DE TABLAS

INDICE FIGURAS

CAPÍTULO I INTRODUCCIÓN

1.1 Antecedentes

Hoy en día existen diferentes prototipos con diversos sistemas de funcionamiento en las máquinas dispensadoras de pelotas, pero la primera máquina de lanzar fue inventada por Charles Hinton, a mediados de 1890.

La necesidad de una máquina lanzadora es para evitar constantes lesiones en los entrenamientos de béisbol de niveles aficionados, semiprofesional y profesional, ya que se requiere simular las condiciones de lanzamientos de partido a todos los bateadores del equipo, exigiendo excesivas cargas musculares a los lanzadores (normalmente menor cantidad de jugadores que los bateadores) ocasionando lesiones musculares y de articulaciones.

1.2 Planteamiento del problema

La sociedad moderna apunta cada vez más a la tecnificación del deporte, como es el caso de las escuelas de baseball y clubes profesionales que se dedican al desarrollo profesional de los jugadores. En casi todas las escuelas de baseball profesionales el seguimiento y preparación en el entrenamiento de un bateador o cátcher de alto rendimiento, se utilizan equipos tecnológicos como lo puede ser una máquina lanza pelotas.

El Instituto Tecnológico de Ciudad Juárez no cuenta con una máquina lanza pelotas para el equipo de béisbol.

1.3 Objetivos

1.3.1 Objetivo General

Aplicar conocimientos de ingeniería mecánica para diseñar una máquina automatizada lanza pelotas de béisbol reduciendo costo de fabricación vs costo de mercado".

1.3.2 Objetivos Específicos

a) Asignación de materiales para el diseño de maquina automatizada lanza pelotas

b) Hacer uso del software de Solid Works para diseñar fixturas y elementos mecánicos correspondientes al funcionamiento de la máquina lanza pelotas

c) Hacer uso de conocimientos de ingeniería para controlar el lanzamiento,dirección y potencia de la pelota

d) Diseñar una maquina funcional reduciendo los costos contra el mercado

e) Creación de planos de fixturas y ensambles con BOM de materiales.

1.4 Justificación

Las máquinas multitarea permanecen en constante evolución. Desde el inicio del concepto, las configuraciones de las máquinas multitarea han progresado a partir de los primeros sistemas que combinaban simples operaciones, en esta ocasión la máquina de lanzar pelotas de béisbol permitirá mejorar la destreza y reflejos al bateador o cátcher.

Una maquina lanza pelota profesional en el mercado tiene un costo aproximado de 26,000 pesos mexicanos, el propósito es proporcionar al instituto una máquina funcional de costo accesible, aplicando los conocimientos de ingeniería mecánica para desarrollar un diseño optimo y funcional del equipo.

1.5 Supuesto

Diseñar una máquina lanzadora de pelotas utilizando componentes comerciales accesibles del mercado y optimizar mediante el programa de Solidworks con fixturas para su posible fabricación y ensamble, posteriormente sirva para la construcción de un prototipo se ajustará debidamente al presupuesto y contribuirá en el entrenamiento del bateador o cátcher

Se pretende comprobar la eficacia de una maquina al implementarla como apoyo en entrenamientos de baseball, con la finalidad de experimentar resultados más favorables.

CAPÍTULO II FUNDAMENTOS

2.1 Marco Teórico

2.1.1 Máquinas Lanzadoras

Existe en el mercado una amplia variedad de máquinas lanzadoras en deportes como el fútbol, baloncesto, tenis, béisbol, etc. Estas máquinas contribuyen en el entrenamiento de los deportistas en las diferentes disciplinas y poseen distintos sistemas de operación y funcionamiento. Es necesario realizar un estudio bibliográfico de los sistemas de propulsión del objeto a ser lanzado distinguiendo las características de cada uno de tal modo de que estas investigaciones previas sirvan para encontrar una relación entre conceptos, teorías y localizar diferentes perspectivas para aplicarlas correctamente.

2.1.2 Sistemas de Propulsión

Existen diversos sistemas de propulsión de objetos esféricos, entre los cuales tenemos:

- Por presión de aire.
- Por compresión y descompresión de resortes.
- Por catapulta.
- Por rodillos giratorios.

Es necesario revisar cada uno de estos sistemas por las características distintas en función al tamaño del objeto que va a ser lanzado, se toma en cuenta la velocidad y tiempo de lanzamiento continuo, la fuente de energía de alimentación del sistema, además de buscar un diseño funcional, costo de fabricación adecuado y factibilidad de construcción.

2.1.3 Sistemas de propulsión por presión de aire

En este sistema un lado se encuentra abierto y en el otro extremo sellado, el elemento a ser lanzado se coloca se dispone dentro del cilindro, el cual se divide en dos partes: en la primera se coloca la pelota de tenis y en la segunda contiene el aire comprimido que llega a una presión deseada usando un compresor de aire, las dos partes las conecta una válvula de apertura rápida que permite el paso de aire del compresor lo que le da el impulso a la pelota de béisbol a grandes velocidades. Una de las grandes desventajas de este sistema es la necesidad de un compresor de aire y que requiere de una gran cantidad de tiempo para recargarse y el transporte del mismo, además el lanzamiento continuo de pelotas es lento debido a que por el mismo orificio de salida de las pelotas se debe ingresar la siguiente esto hace que el tiempo entre lanzamientos sea muy largo y no tan recomendable si se necesita disparos continuos.

Máquina lanzadora de pelotas de béisbol y softball.

Nota. La figura representa una máquina lanzadora de pelotas de béisbol y softball.

2.1.4 Sistemas de propulsión

Mecanismo tipo catapulta Esta máquina tiene un sistema mecánico que consta de un motor eléctrico instalado con un reductor que transmite el movimiento por modio dc una cadena haciendo girar a la catalina en el eje superior, el cual posee en cada extremo un mecanismo que permite al resorte helicoidal almacenar energía elástica, como se puede observar en la imagen, el brazo recibe esta energía que permite a la pelota caer y empezar a girar lentamente, después llega al punto en el cual este brazo actúa como catapulta al ser liberado el resorte y lanza la pelota a altas velocidades. Esta máquina es usada en el entrenamiento de cricket, que con el tiempo de uso se requiere un mantenimiento constante de la parte mecánica, en especial por el desgaste producido en el resorte helicoidal, en este tipo de mecanismos el tiempo de lanzamiento y espera es prolongado.

2.1.5 Sistemas de propulsión por rodillos giratorios

Este tipo de sistemas es el más usado para máquinas lanzadoras de balones de fútbol. Dentro de este grupo existen algunas opciones de propulsión:

- Un solo rodillo giratorio.
- Dos rodillos giratorios.
- Rodillos giratorios con bandas.

2.1.6 Sistemas de propulsión de un solo rodillo

El sistema mostrado en la Figura 3 posee un motor eléctrico unido a un rodillo al cual lo hace girar con una velocidad angular determinada. La pelota de béisbol ingresa por el alimentador y es impulsada por la velocidad y presión que el rodillo ejerce sobre ella. Este tipo de máquina es ideal para lanzamiento de objetos pequeños, debido a su forma y disposición, posee un pequeño agujero de salida donde la pelota es lanzada a grandes velocidades. En cuanto a diseño y construcción esta máquina brinda ciertas características ergonómicas que permite que el usuario tenga una experiencia sencilla al usar esta lanzadora de pelotas.

2.1.7 Sistemas de Propulsión con dos rodillos

El principio de funcionamiento de este tipo de sistemas es el mismo que el de un solo rodillo, la diferencia radica en que al emplear dos rodillos se pueden realizar lanzamientos curvos, mediante el control de velocidad de cada uno de los rodillos, al uno de ellos girar más rápido que el otro nos permitirá impulsar el balón con una trayectoria curva, lo que el sistema de un solo rodillo no nos permitía, pero de igual manera si se necesita un lanzamiento recto, ambos rodillos deben estar girando a la misma velocidad.

2.1.8 Sistema de propulsión por rodillos giratorios con bandas

El tipo de sistema mostrado en la Figura 5 tiene un principio de funcionamiento muy parecido al de dos rodillos, posee tambores en los cuales están montadas las dos bandas unidas a los rodillos propulsores, este sistema tiene mayor superficie de contacto con el balón, lo que permite mayor velocidad de salida. Si bien se consigue elevar la velocidad de trayectoria del balón respecto a otros sistemas, el 38 inconveniente es la construcción, posee un sistema muy robusto y mecánicamente más difícil que los anteriores sistemas.

2.1.9 Máquinas en el mercado Actual.

Existen diversas maquinas en el mercado con diferentes proporciones, costos y capacidades, este proyecto se enfoca en las maquinas profesionales con similitudes de un lanzamiento a 90 km/hr

Tabla 1 Marcas y costos

Maquina en el mercado	Costo	Velocidad de lanzamiento	Tamaño
PowerNet	$ 8,931	40 – 90 MPH	25ft x 1ft x 3 ft
Heater Pro	$ 19,850	70 MPH	14ft x 1ft x 3ft
Hack Attack	$ 15,790	100 MPH	5ft x 4 ft x 4 ft
Sports Attack	$ 59,995	70MPH	8ft x 4 ft x 2 ft

2.2 Marco Contextual

En este capítulo se da a conocer la institución a nivel local, el Instituto Tecnológico de Ciudad Juárez (o también conocido por sus siglas ITCJ), es una institución pública de educación superior localizada en Ciudad Juárez, Chihuahua. Forma parte del Tecnológico Nacional de México (TecNM) y de la Secretaría de Educación Pública de México.

Desde hace 59 años, el Instituto Tecnológico de Ciudad Juárez, se ha encargado de llevar a cabo la educación técnica y humanista de los profesionistas que actualmente ocupan un lugar importante en el sector laboral de la frontera.

Fungiendo como uno de los principales centros educativos a nivel profesional, el campus fue reconocido oficialmente como Instituto Tecnológico de Ciudad Juárez el 3 de octubre de 1964.

Luego de haber funcionado en 1935 como Técnica Industrial 5 a iniciativa del profesor Alberto Álvarez para posteriormente cambiar su nombre al de Escuela de Enseñanzas Especiales 21, la cual estaba ubicada en monumento a Benito Juárez.

Norberto López, jefe del departamento de Comunicación y Difusión de ITCJ, comentó que esto se dio a partir de que Adolfo López Mateos, presidente de México en aquella época, acordará mediante un compromiso la edificación de un Instituto digno en el año de 1960.

“En ese momento la ciudad comenzaba a pedir técnicos un poco más especializados en la simple industria que existía aquí, habían alrededor de 30 mil habitantes”, dijo.

Fue hasta 1964 que se da la inauguración del Instituto Tecnológico Regional de Ciudad Juárez (ITRCJ), nombre que se le dio por brindarle cobertura a los diferentes municipios del estado como Cuauhtémoc, Nuevo Casas Grandes, entre otros.

Para después convertir un reclusorio para menores en el edificio que hoy en día prepara a más de 7 mil alumnos dentro de las 10 ingenierías que ofrece este Instituto, entre ellas electromecánica, mecánica, mecatrónica, logística y gestión empresarial, además de dos programas académicos en contaduría pública y administración de empresas, así como tres maestrías y un doctorado.

Hasta los 80's se suprimió la parte regional para finalmente quedar como Instituto Tecnológico de Ciudad Juárez, donde actualmente existen 46 aulas, por lo que la universidad, llegó para atender la demanda de todos los juarenses interesados en el ramo industrial, cuando no se tenía un gran auge dentro de la ciudad.

A partir del año 2014 se aglutinaron los 254 planteles del país para ser conocida con una nueva identidad 'Tecnológico Nacional de México', considerando a cada instituto como un campus.

Figura 1 Tecnológico Nacional de México, Campus Ciudad Juárez.

2.3 Marco conceptual

2.3.1 Baseball

El baseball se conoció como un deporte de competencia que se practica con una bola dura y un bate entre dos equipos de nueve jugadores cada uno en un campo conocido como forma de diamante, con 3 bases de recorrido y una base de bateo

Es imposible asegurar en donde sé jugo realmente el primer partido de béisbol en México, varias ciudades reclaman el honor y a pesar de los esfuerzos para descubrir el lugar exacto, aun los historiadores no se ponen de acuerdo. Pero analizando todos los estudios realizados, son tres ciudades las que se acercan más a la calificación: Guaymas en el estado de Sonora, Nuevo Laredo en el estado de Tamaulipas y Cadereyta Jiménez en el estado de Nuevo León.

El dato de Guaymas es más exacto y asegura que fue en 1877 cuando los marineros que formaban la tripulación del barco americano Montana, de visita en Guaymas, bajaron a la tierra mexicana y jugaron un partido de baseball entre sí.

2.3.2 Pelota de baseball

Una pelota de baseball es una pelota que se utiliza para jugar el deporte y es fácilmente reconocible por su característica costura roja. La pelota tiene una forma de esfera y un centro de goma o corcho envuelto en hilo. El núcleo de la pelota está cubierto por 2 piezas de cuero blanco en forma de maní cosidas por hilo un rojo. La costura es un elemento importante que influye en el arrastre del deporte.
Sobre la particular forma de sus costuras, algunos investigadores coinciden en que son así porque cuando se comenzó a jugar el deporte en el siglo XIX, hacerlas con ese diseño era fue la única manera de hacer una pelota completamente esférica. El estándar de su estética fue establecido desde el siglo XIX. Las costuras no sólo tienen que ver con el diseño de la pelota, sino también con la forma de lanzarla.

2.3.3 Software de Diseño

Es un programa que permite realizar procesos de diseño mecánico, desde la definición de necesidades o la concepción de la idea por el diseñador a la realización de los planos técnicos necesarios para su fabricación. Por medio de una interfaz donde el programa y sus herramientas de diseño de pieza, ensamblajes y dibujo sean un método de trabajo para el diseño, el operador puede modelar en tres dimensiones la pieza y realizar rápidamente las vistas necesarias para la concepción de planos.

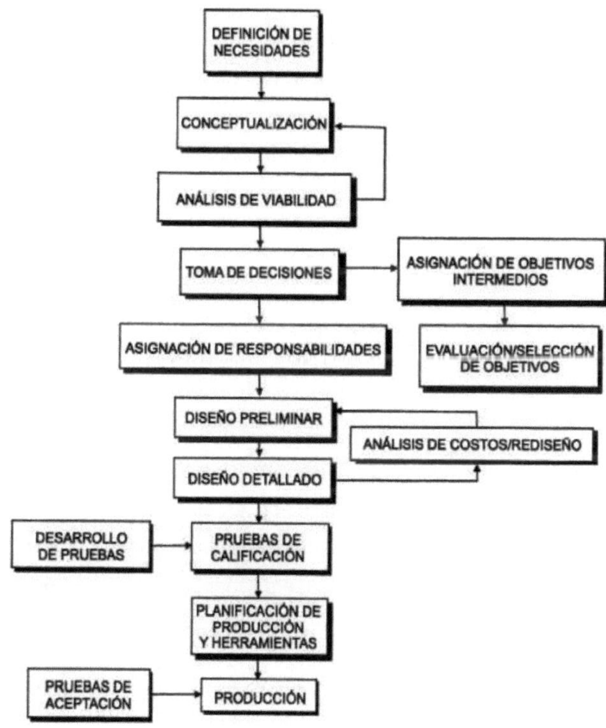

Figura 2 Etapas en el proceso de diseño, tomado del texto "The Engineering Desing".

2.3.4 Motor

El motor convierte sea energía eléctrica, química, o cualquier otro de energía, en un movimiento mecánico giratorio.

Los motores se clasifican por el tipo de energía que utilizan, el trabajo capaz de realizar en la unidad de tiempo a una determinada velocidad de giro nominal que es la velocidad angular del cigüeñal, es decir, el número de revoluciones por minuto (rpm o RPM).

Los motores se usan en aplicaciones como:

- Aparatos de cocina (procesadores de basura, licuadoras, batidoras, procesadores de alimentos).
- Máquinas de coser.
- Aspiradoras.
- Herramientas de mano (sierras, taladros).

2.3.5 Acoplamiento de un motor eléctrico

El acoplamiento de un motor eléctrico es un dispositivo que conecta al eje del motor con el equipo que el motor va a accionar, es decir, el acoplamiento del motor permite que éste actúe sobre el equipo accionado.

El acoplamiento correcto para una aplicación es seleccionado determinando el par nominal de la fuente de potencia, determinando el factor de servicio, calculando la capacidad del par de acoplamiento y asegurándose que el acoplamiento tiene el tamaño correcto en el eje para acoplarse a la unidad por accionar.

2.3.6 Slots (Ranura)

La ubicación de precisión es muy importante en diversas aplicaciones de ingeniería, como el mecanizado y el ensamble. La herramienta sigue una trayectoria muy precisa y una pieza de trabajo debe ubicarse de manera precisa y estable en una posición precisa. En el ensamblaje, las posiciones de las partes ensambladas deben ensamblarse fácilmente y debe evitarse la restricción excesiva de las partes. Una de las técnicas comunes para lograr estos objetivos es el uso de ranuras como características de la pieza.

El uso de dos pines colocados en dos agujeros plantea problemas tanto de ubicación como de fabricación.

Figura 3 Pieza sin slots

a) Problemas con el montaje

1. Imposible determinar la ubicación exacta de las piezas de trabajo.
2. Creación de grandes tensiones en la pieza de trabajo como resultado de una restricción excesiva en la ubicación de la pieza de trabajo.

b) Problemas con la fabricación

1. Los orificios en la pieza de trabajo deben mecanizarse con tolerancias de posición y diámetro muy estrechas, lo que aumenta el costo de fabricación.

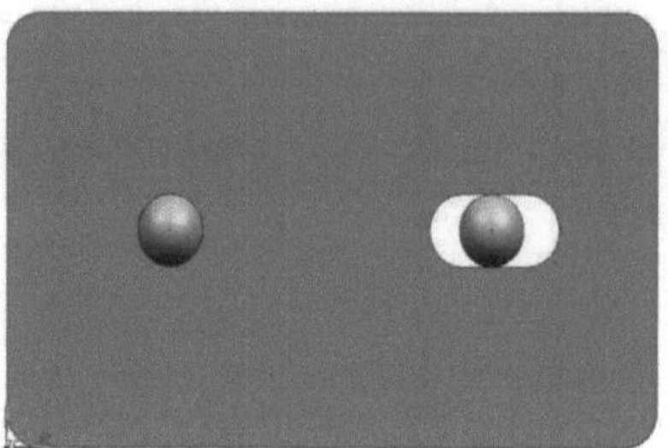

Figura 4 Pasador con slot.

Para sobrellevar estos problemas, uno de los pines se puede ensamblar en una ranura. Por lo tanto, el pasador en el orificio elimina dos grados de libertad de traslación, mientras que el de la ranura elimina el último grado de libertad de rotación.

En la siguiente sección, profundizaremos en el uso de ranuras para superar el problema de sobre restricción a través de una pieza de muestra utilizando losprincipios de tolerancia y dimensionamiento geométrico definidos por el estándar ASME [1].

c) Uso de slots: un ejemplo de GD&T

Como vimos anteriormente, las ranuras nos permiten evitar restricciones excesivas y tener una mayor precisión. Un ejemplo de esto se puede ver en la ilustración.

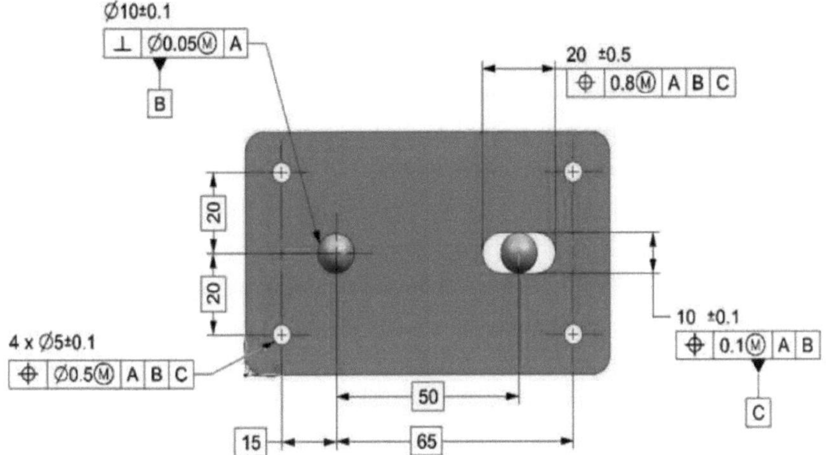

Figura 5 Arte con tolerancias de ranura aplicadas.

De la Figura 5, podemos observar lo siguiente:

- Función de referencia principal (A): el plano en la parte inferior de la pieza (no se muestra)
- Característica de referencia secundaria (B): El orificio definido con una tolerancia de tamaño de característica de ±0,1 mm y una tolerancia de perpendicularidad de 0,05 mm en MMC con respecto a la característica de referencia A.
- Característica de referencia terciaria (C): el ancho (dimensión vertical) de la ranura con una tolerancia de tamaño de característica de ±0,1 mm y una tolerancia de posición de 0,1 mm en MMC con respecto al marco de referencia de referencia AB.

- La longitud (dimensión horizontal de la ranura): Tiene una tolerancia de tamaño de característica de ±0,5 mm y una tolerancia de posición de 0,8 mm en MMC con respecto al marco de referencia de referencia ABC. Siguiendo la lógica del uso de ranuras, esta característica tiene las tolerancias más altas.
- El patrón de 4 agujeros: Los agujeros en el patrón tienen una tolerancia de tamaño de característica de ±0,1 mm y una tolerancia de posición de 0,5 mm en MMC con respecto al marco de referencia de referencia ABC. La posición de estos agujeros se define utilizando dimensiones básicas con respecto al marco de referencia de referencia ABC.
- A pesar de la ventaja de vencer la restricción excesiva, con las ranuras aún podemos tener el problema del alto costo de fabricación si su pieza tiene un grosor considerable. Esto se debe a que fabricar una ranura es simplemente más complejo que taladrar un agujero en piezas relativamente gruesas. Una técnica para tener lo mejor de ambos mundos es usar alfileres de diamantes. Exploraremos esta técnica en una publicación futura.

2.3.7 Análisis FEA

El análisis de elementos finitos (FEA) consiste en el modelado de productos y sistemas en un entorno virtual, su objetivo es encontrar y resolver posibles problemas estructurales o de rendimiento. El FEA es la aplicación práctica del método de elementos finitos (FEM).

Es un modelo matemático para representar una gráfica de cargas en elementos finitos incluyendo análisis de deformación y esfuerzos, este análisis es de vital ayuda para optimizar elementos con posibilidad de fallas.

CAPÍTULO III METODOLOGÍA

3.1 Diseño

El objetivo de este capítulo es lograr un diseño que se adapte a los requerimientos y funcionalidades propuestas de la máquina para posteriormente realizar un modelado CAD/CAE usando el software SolidWorks que permita bosquejar el proyecto y determinar la factibilidad de posicionamiento de estructuras y componentes. A continuación, se presenta el diseño final de la estructura de la máquina la cual se fundamenta en el disparo de las mediante el sistema de propulsión mecanismo tipo catapulta.

Figura 6 Diseño CAD máquina lanza pelotas

3.2 Requerimientos

Los requerimientos son parte fundamental para poder partir en un diseño conceptual de diseño el cual propone una dirección y limitaciones para el desarrollo del proyecto, en este caso, se tomaron como referencia las siguientes características:

- Tamaño de una pelota de béisbol profesional.
- Lanzamiento aproximado de 90 km/hr.
- Fácil ensamble y desensamble para reemplazar piezas dañadas.
- Transportar de manera sencilla la máquina.
- Controlar ángulo de lanzamiento.
- Cotización total menor a 14,000 pesos mexicanos.

3.2.1 Tamaño de una pelota de béisbol profesional

Las pelotas de béisbol profesional tienen un diámetro entre 2.70"-2.81" (7.3-7.5 cm) y una circunferencia de 9"-9.25" (22.9-23.5 cm). La masa de una pelota de béisbol está entre 5-5.25 oz (142-149 g).

Para la creación del diseño de la máquina se tomó en cuenta esta variable para seleccionar los materiales del brazo lanzador.

Figura 7 Pelota de beisbol convencional

3.3 Selección de materiales

La gran mayoría de avances tecnológicos logrados en la sociedad moderna, se han apoyado en el descubrimiento y desarrollo de materiales de ingeniería y proceso de fabricación usados en su obtención. Una adecuada selección de materiales y procesos garantiza a los diseñadores de partes mecánicas su correcto funcionamiento (performance) de los componentes diseñados.

Tabla 2 Selección materiales PVC

Material	Longitud	Diámetro Mayor	Diámetro Menor	Cantidad
Tubería subterránea de PVC	4ft	3 1/4in	3.11 in	1
Conectores de codo largos de 90° PVC		3 3/4in		2

Después de los cortes realizados se integran los materiales con un ensamble sencillo solo con uso de pegamonto:

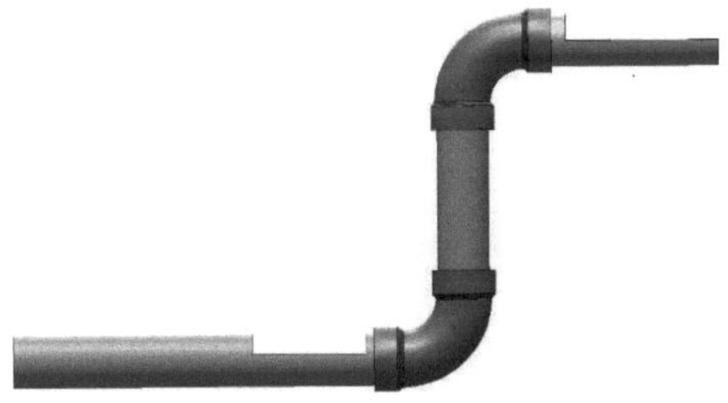

Figura 8 Tubería seccionada

3.4 Recolección de los datos

3.4.1 Lanzamiento aproximado de 90KM/HR

Para la selección del motor, es necesario partir desde la velocidad que necesitamos alcanzar, se considera que la velocidad angular del motor sea constante, bajo estos términos, podemos partir utilizando teorema de movimiento circular uniforme "MCU"

Algunas de las principales características del movimiento circular uniforme son las siguientes:

La velocidad angular es constante (ω = cte)

El vector velocidad es tangente en cada punto a la trayectoria y su sentido es el del movimiento. Esto implica que el movimiento cuenta con aceleración normal

Tanto la aceleración angular (α) como la aceleración tangencial (at) son nulas, ya que la rapidez o celeridad (módulo del vector velocidad).

Aplicando estos conceptos al presente proyecto, consideramos la velocidad deseada:

$$V = 90\ \frac{km}{hr}$$

Para trabajar con este teorema es necesario la conversión a centímetros sobre segundos:

$$V = 90\frac{km}{\cancel{hr}}\ x\ \frac{1\cancel{hr}}{3600seg} = 0.025\ \frac{\cancel{km}}{seg}\ x\ \frac{100000cm}{1\cancel{km}} = 2500\ \frac{cm}{seg}$$

Aplicando estos conceptos al presente proyecto, consideramos la velocidad deseada:

Ecuación $V = W x\, r$ (1)

$$W = \frac{V}{r}$$

Se sustituyen las variables de velocidad y radio

$$W = \frac{2500\,\frac{cm}{seg}}{10.16cm} = 246.062\,\frac{rad}{seg}$$

Se realiza conversión de rad sobre segundos a RPM

$$W = 246.062\,\frac{rad}{seg}\; x\,\frac{1\ vuelta}{2\pi rad}\; x\,\frac{60\ seg}{1\ min}$$

$$W = 2350.91\ RPM$$

Para seleccionar un motor en este proyecto, tenemos que considerar un motor cercano a 2350 RPM y de un costo bajo accesible,

Por cuestión de costo, la selección del motor fue el que se muestra en lasiguiente imagen:

Model No: 048A17T2006
Catalog No: X921
1/3,1725,TENV,48Z,1/60/115/230
Pedestal Fan

Figura 9 Motor 048A17T2006

Tabla 3 Parámetros para lanzamiento aproximado

Parámetro	Variable
HP	1/3
Voltaje	115/230
Kilo Watts	0.25
Amperes	3.8/1.9
Fases	1
Peso	12 lb
RPM	2250

Para saber la precisión la velocidad lineal al que será lanzado la pelota con este motor, aplicamos nuevamente MCU:

Despejando θ de velocidad angular

Ecuación $$W = \frac{\theta}{t}$$ (2)

$$\theta = 2250\ x\ 2\pi rad$$

$$\theta = 4500\pi rad$$

$$W = \frac{4500\pi rad}{1\ min} = \frac{4500\pi rad}{60\ seg} = \frac{4500\pi rad}{6\ seg}$$

Se sustituye en formula de velocidad lineal:

$$V = W x\ r$$

$$V = \frac{4500\pi rad}{6\ seg} x \frac{4\ in\ x\ 2.54cm}{1\ in} = \frac{4500\pi rad}{6\ seg} x\ 10.16cm = \frac{4500(3.14)\ cm}{6\ seg} = 2355\frac{cm}{seg}$$

$$V = \frac{(2355\frac{cm}{seg})\ x\ (3600\frac{seg}{1hr})}{10000cm} x1km$$

$$V = 84.78\frac{km}{hr}$$

Figura 10 Subensamble de motor.

Figura 11 Subensamble del lanzador

3.4.2 Control de ángulo de lanzamiento o ángulo de salida

Ángulo de salida de la bola: Se refiere al momento de salida, en el punto donde parte la bola después que es liberada por la mano de tirar, una vez que es lanzada. Este ángulo está comprendido entre el eje perpendicular que atraviesa el cuerpo conformando el eje (X), y el eje (Y) parte de la altura de la cara del lanzador hacia el frente de este. Esto puede ser positivo o negativo.

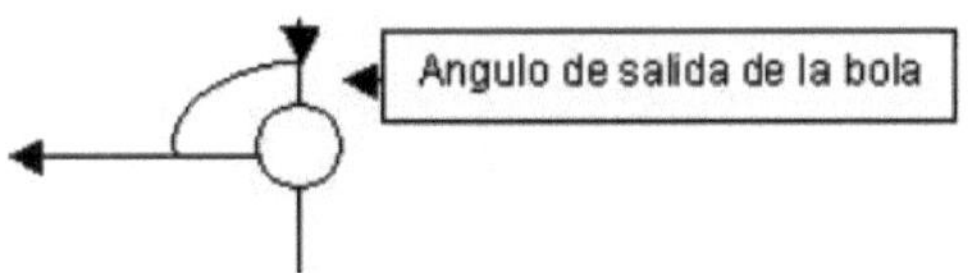

Figura 12 Angulo de Salida

- Positivo: cuando la bola lanzada por el pitcher es recibida por el cátcher en la zona determinada por este antes de lanzarla, o en su efecto es dirigida a determinada zona del área marcada como zona de strike, la que tendrá 9 parte de igual tamaño y en la que se darán puntos según la zona a donde cae la bola, en la medida que su efectividad sea mejor, mejor será su resultado. (Hay presencia de control)

- Negativo: cuando en el lanzamiento del pitcher tiende a la descoordinación del movimiento, a la desorientación de la zona de strike, y la bola lanzada es recibida fuera de la zona acordada como zona de strike. (No hay presencia de control).

Acción de latigazo de la muñeca en el momento de salida de la bola: Se refiere al momento final antes de soltar la bola, es la acción que realiza la muñeca de la mano de lanzar.

Agregando el nivel giratorio atornillada, de 4 pulgadas, permite el mecanismo tener de 0 a 11.71 grados de inclinación para realizar tiros parabólicos, este nivel será ajustado con una llave crescent dependiendo del tipo de entrenamiento a realizar.

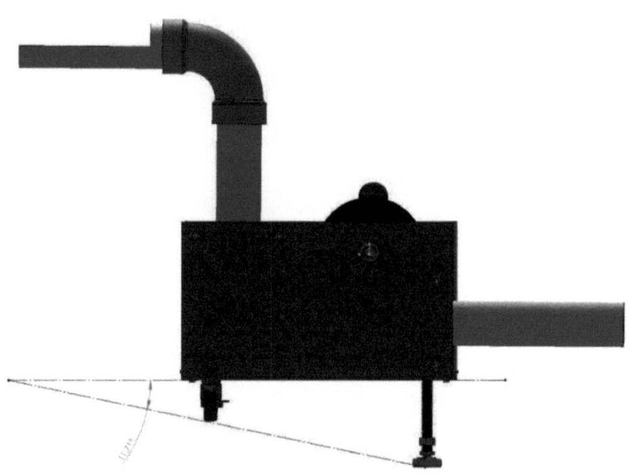

Figura 13 Vista alzada inclinación del mecanismo.

Figura 14 Vista frontal del mecanismo

3.5 Ensamble

La máquina es diseñada para reemplazar cualquier artículo dañado a excepción de la estructura soldada, las únicas herramientas necesarias para desmantelar y ensamblar la máquina son:

- Llavero hallen métrico
- llave crescent 6 in

La siguiente imagen muestra en una vista explotada del ensamble general de todos los artículos correspondientes.

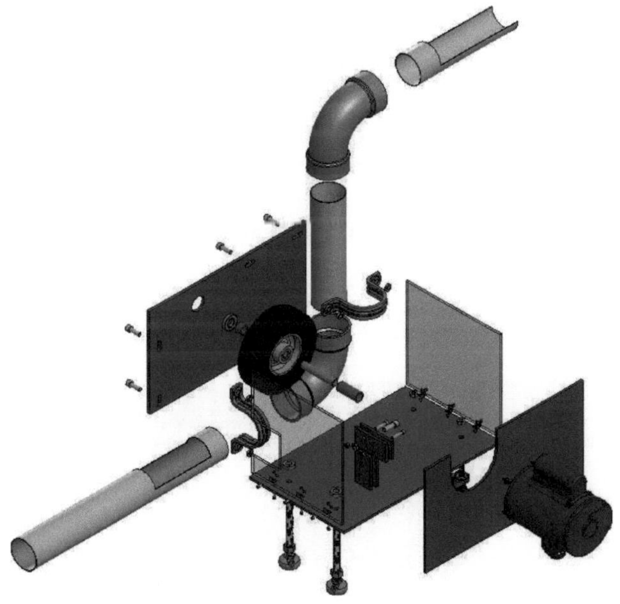

Figura 15 Vista explotada de ensamble

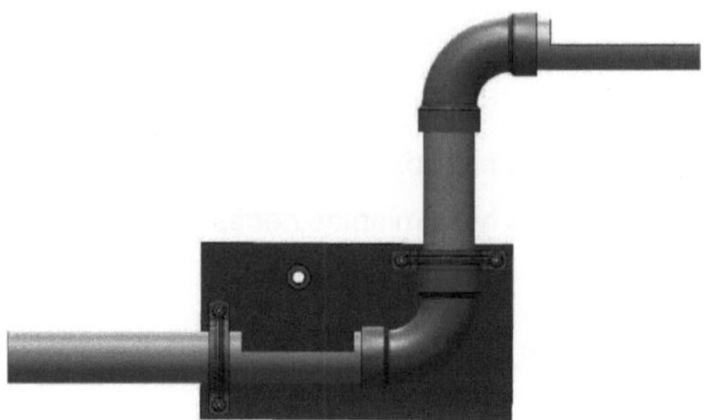

Figura 16 Ensamble del brazo lanzador con placa con slot

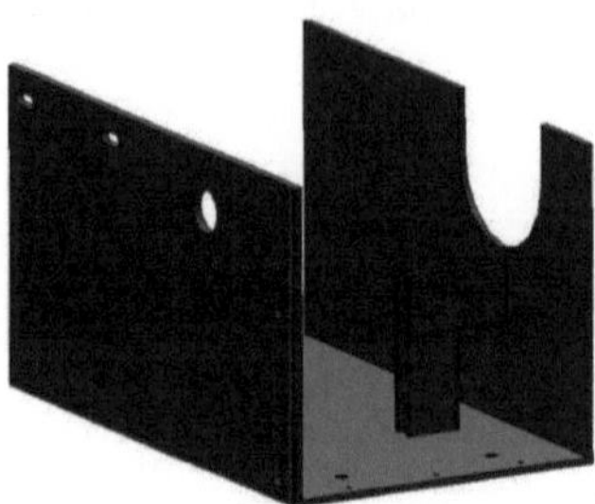

Figura 17 Placas soldadas.

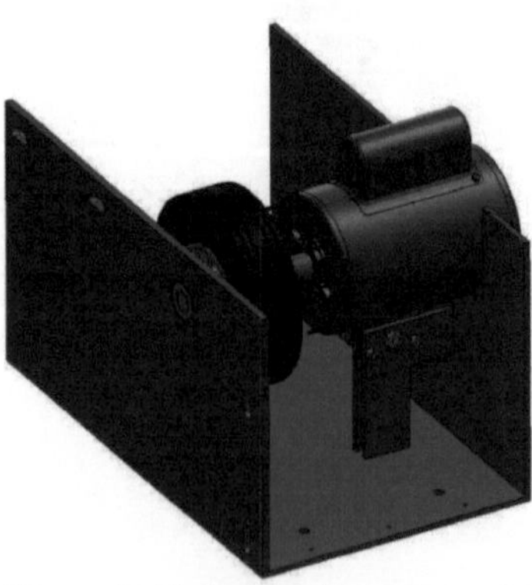

Figura 18 Vista isométrica ensamble de motor

Para el adecuado y seguro transporte de la maquina se optó por utilizar ruedas giratorias de caucho estándar con seguro.

Figura 19 Vista de ruedas giratorias en mäquina

3.6 Optimización del diseño

Uno de los problemas a resolver durante el diseño de la máquina, fue con la dimensión variable de una pelota, como lo hablamos en el capítulo 3.2.1, una pelota de baseball profesional tiene un diámetro entre 2.70"-2.81", estas dimensiones no son exactas dependiendo de la marca del fabricante a nivel principiante.

Como solución, se integraron slots de 31mm, que desplazaran los clamps del PVC.

La medida tangente entre la rueda de 8 in y la superficie del diámetro interior del PVC son de 2.65in cuando los tornillos se encuentran en punto medio del slot (ranura).

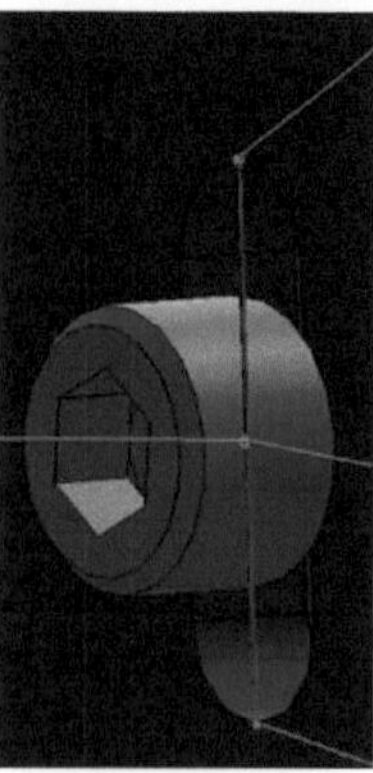

Figura 20 Distancia de 1.22 in en la ranura.

Figura 21 Vista de la distancia entre rueda y brazo lanzador de 2.66 in.

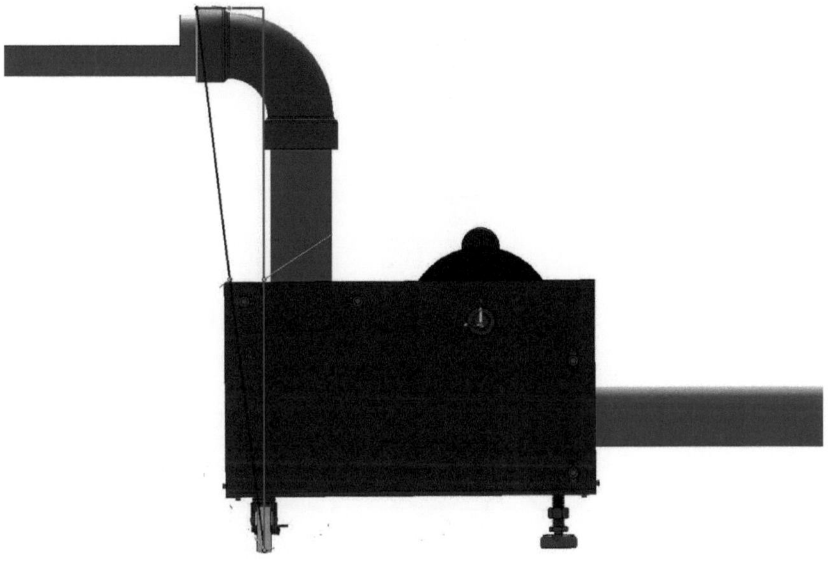

Figura 22 Altura máxima de la máquina 28.9 in

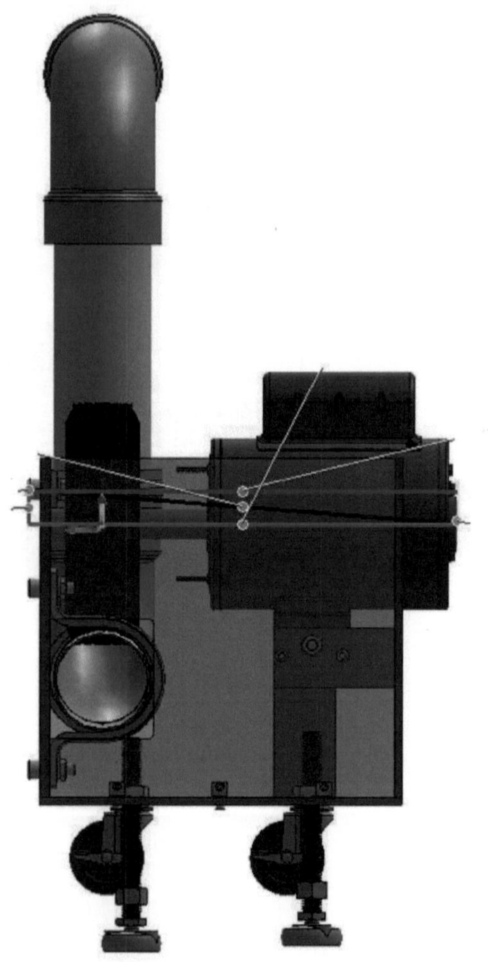

Figura 23 Ancho de máquina 14.2 in.

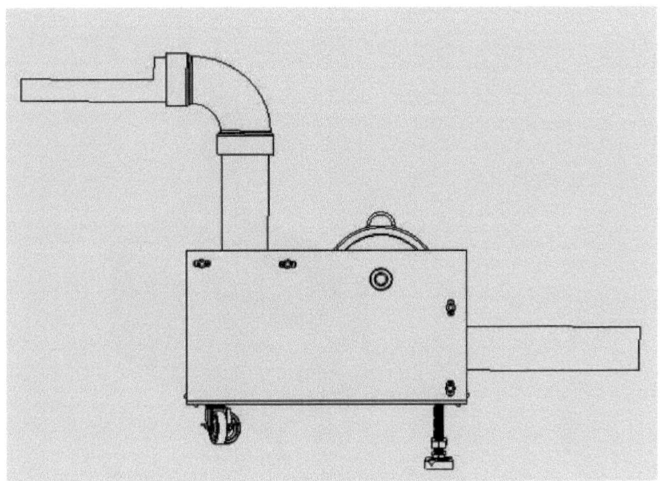

Figura 24 Largo de máquina 43.8 in.

Tabla 4 Propiedades mecánicas de la máquina

Masa	25043.65 gramos
Volumen	10935467.97milimetros cúbicos
Área de superficie	2774348.60 milímetros cuadrados
Centro de masa (milímetros)	X = - 55.50 Y = 101.26 Z = 79.35

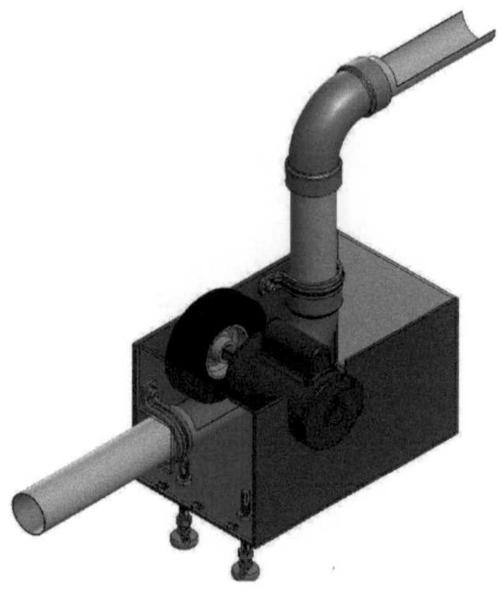

Figura 25 Vista Isométrica de la máquina lanzadora.

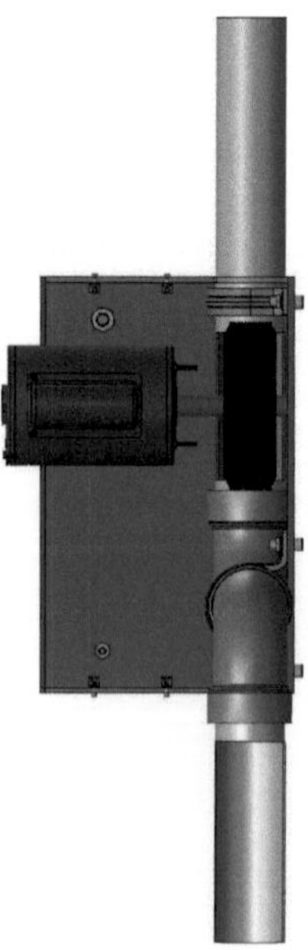

Figura 26 Vista de planta (superior) de la máquina lanzadora.

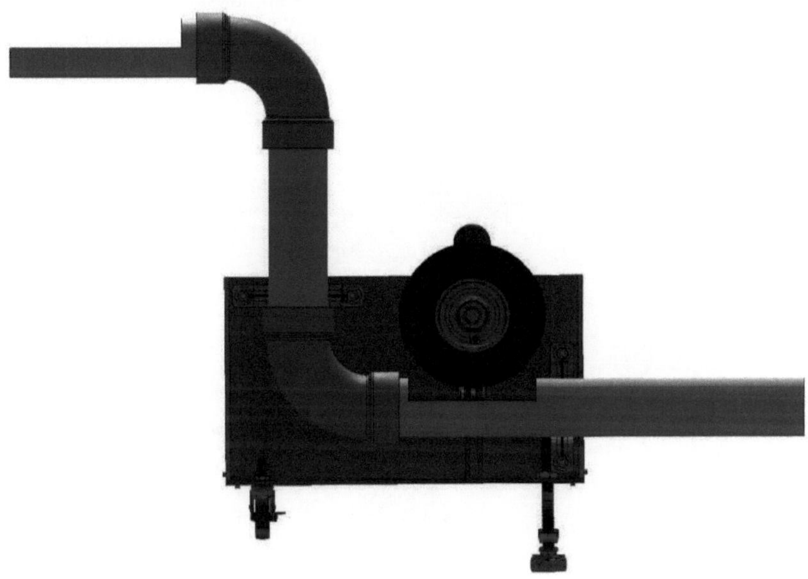

Figura 27 Vista alzada (frente).

3.6 Análisis FEA soporte del motor

En el diseño mecánico de la maquina lanza pelotas, seleccionamos un motor de 12 lb = 5.45 kg que estará soportada por una placa de 2 x 3.9 x .25 pulgadas de acero al carbono, en esta placa sienta la carga más elevada de un componente en nuestro sistema, para verificarque este elemento pueda soportar las cargas verticales que ejercen en los barrenos, se realiza un estudio FEA

Figura 28 Placa de carga ubicación que soporta el peso del motor.

Para comenzar con el estudio, debemos definir los parámetros de material, sujeciones aplicadas, ubicación de las cargas y un mallado matemático. En este proyecto seleccionamos el material de acero al carbono (cast carbon Steel)

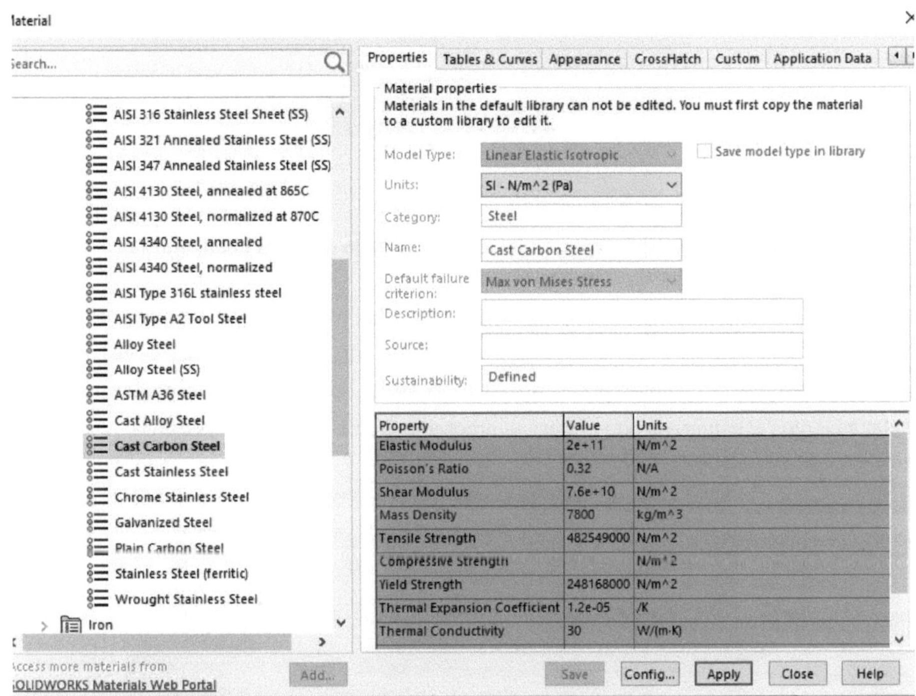

Figura 29 Propiedades mecánicas acero al carbón.

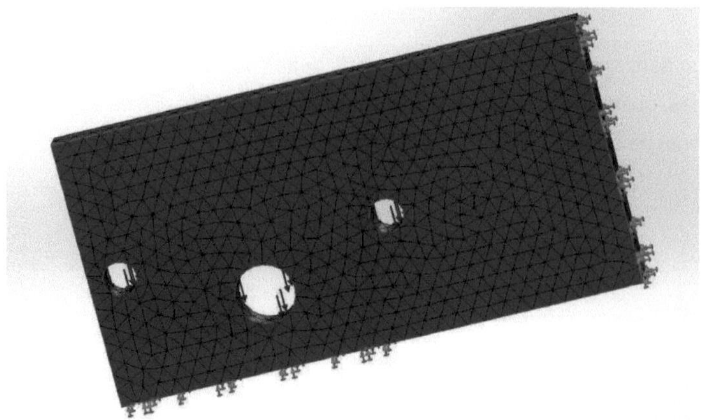

Figura 30 Ubicación de cargas, sujeciones y mallado en placa sujeta motor

Las sujeciones se representan con flechas de color verde, las cargas son de color morado y el mallado son las uniones triangulares en la superficie de la pieza, cada unión son la representación matemática en esa posición del cálculo matemático de desplazamientos y esfuerzos que genera el programa SolidWorks el componente

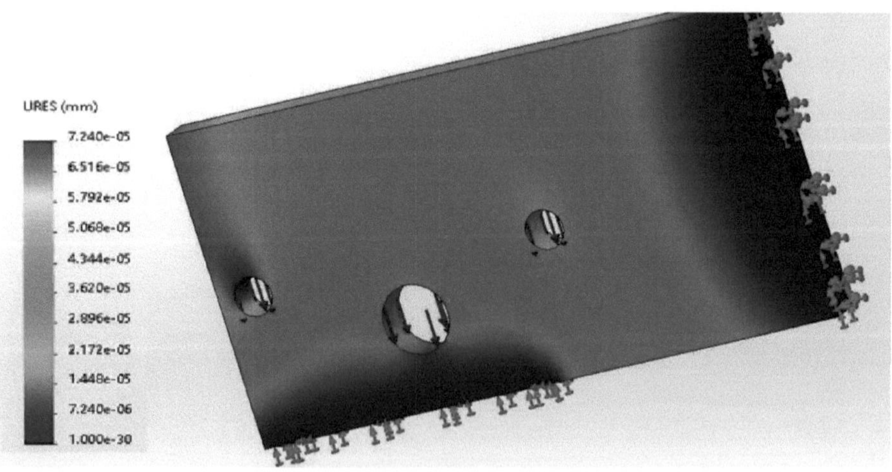

Figura 31 Gráfica de desplazamiento en placa sujeta motor.

El resultado del estudio de deformación se representa con una gráfica a la izquierda de la figura 33, con una escala en milímetros desplazados de 1x10^-30 de color azul a 7.240x10^-05 en color rojo. El análisis indica que el área superior del primer barreno chico, se presenta la mayor deformación en nuestro elemento con el total de 0.0000724 milímetros de deformación, lo que concluimos que su máxima deformación es despreciable.

Figura 32 Gráfica de esfuerzos Von Mises

El estudio de esfuerzos es representado en la figura 34, donde la simulación se muestra de manera exagerada para apreciar el comportamiento de la pieza con las cargas aplicadas, de la misma manera, se encuentra una escala de esfuerzos Von Mises en N/m^2, mostrando en color azul un valorde $5.145x10^\wedge\ 2\ N/m^2$ hasta el valor máximo representado en rojo con 1.202x10^06 N/m^2

El límite elástico marcado para el material de acero al carbono es de 2.482x10^8 N/m^2, analizamos que el esfuerzo máximo ejercido en la pieza es bastante menor que el valor del límite elástico, concluimos que el esfuerzo ejercido en el soporte del motor no fallara por cargas del motor.

CAPÍTULO IV RESULTADOS

Se diseñó una maquina lanzas pelotas con las medidas.

- 28.98 in de altura máxima
- 43.81 in de Largo
- 14.24 in de ancho

Con un peso total de 25kg.

Velocidad de lanzamiento a 84.78 km/hr, a un giro de 2250 RPM.

Realizando lanzamientos horizontales de 0 a 11.71 grados de inclinación.

Se cotizo mediante 5 sitios diferentes para la obtención de materiales usados en el presente proyecto, con variación de precios en cada uno de los productos y realizando una sumatoria final de todos los productos más económicos encontrados en el mercado como se muestra en la tabla 5. Con un costo unitario total de 6,033.89 pesos mexicanos por producto, la suma total de cada artículo por la cantidad necesaria a comprar obtenemos un total de 6,934.18 pesos mexicanos.En el mercado se encontraron maquinas lanzadoras de pelotas de hasta 26,000 pesos mexicanos, si comparamos el costo del presente proyecto con los precios de mercado, tenemos un ahorro de 19,065.82 pesos mexicanos
La máquina tiene la capacidad de almacenar 3 pelota en el depósito, área de mejora para la maquina es en el depósito para controlar tiempo de paso por pelota, esto se podría lograr con un Arduino que pueda integrar un obstáculo a las pelotas.

Figura 33 Vista isométrica de máquina lanzadora con pelotas

Tabla 5 Especificaciones y costos de materiales de máquina lanzadora.

Especificación material	Cantidad	Mc Master	Mercado libre	Google Shop	The home depot	Ebay	Selección
Rueda de 8in diámetro y barreno de 3/4in	1	$ 1,552.15	$ 950.00	$ 507.00		$ 573.00	$ 507.00
Motor 2250 RPM	1	$ 5,120.80	*	$ 2,731.00		$ 2,380.00	$ 2,380.00
Delrin 1 1/4 - 3/4in	1	$ 320.00	$ 420.00	$ 210.00			$ 210.00
Barra de acero 3/4 x 12 in	1	$ 723.00	$ 510.00	$ 400.00		$ 153.00	$ 153.00
PVC conector de 3 in 90 grados	2	$ 322.15	$ 115.00	$ 172.92	$ 28.00	*	$ 28.00
PVC DI = 3in DE= 3.11in x 12in	2	$ 428.09	$ 233.00		$ 120.00	*	$ 120.00
Clamp omega 3 1/2 in	2	$ 133.20	$ 72.00	$ 93.83	$ 12.00	*	$ 12.00
Placa de acero al carbón 24x24 in	1	$ 2,451.25	$ 2,300.00	*		$ 640.00	$ 640.00
Balero R12 3/4" 1 5/8" 5/16	1	$ 797.91	$ 175.00	$ 175.00			$ 175.00
Laxan de 12x12x1/4	2	$ 1,200.00	$ 850.00	$ 850.00		$ 939.00	$ 850.00
Angulo de aluminio 6 x 7/16 x 1/2	1	$ 1,300.00	$ 1,278.80	$ 629.00	$ 800.00		$ 629.00
Socket M4x30	12	$ 12.95			$ 3.70		$ 3.70
Socket M4x12	5	$ 12.95			$ 3.70		$ 3.70
Rosca M6	2	$ 9.25			$ 2.00		$ 2.00
Rosca M4	12	$ 9.25			$ 2.00		$ 2.00

Socket M6x10	2	$ 9.25			$ 3.70		$ 3.70
Vastago roscado giratorio vaciador	2	$ 183.89					$ 183.89
Nivelación giratoria atornillada	2	$ 534.65	$ 122.00				$ 122.00
Rosca M10	5	$ 14.80			$ 3.50		$ 3.50
Rosca 5/8	2	$ 9.25			$ 2.70		$ 2.70
Rosca 3/8	2	$ 9.25			$ 2.70		$ 2.70
Costo total							**$ 6,934.18**

CAPÍTULO V CONCLUSIONES

El proyecto presentado muestra un beneficio en costos de materiales para la construcción de maquina lanza pelotas, se logra competir con las marcas del mercado omitiendo los procesos de manufactura.

La máquina cuenta con 25 kg de peso, lo que hace complicada su manejo y transporte, existe área de mejora para este proyecto reduciendo los espesores del material utilizado y reduciendo espacios vacíos dentro de la maquina

Existen varias configuraciones de máquinas lanzadoras que se pueden clasificar según el sistema de propulsión que posean, los grados de libertad y el número de actuadores giratorios. Cada una de estas configuraciones permite a la máquina realizar disparos a altas velocidades y tener autonomía respecto al usuario. Sin embargo, cada configuración posee ventajas y desventajas relacionadas con la eficiencia del disparo, es por ello que el sistema de propulsión por dos rodillos giratorios es la configuración que presenta las mejores prestaciones de construcción y costo, ofrece una mayor velocidad de disparo a larga distancia, siempre y cuando se tome en cuenta el peso de los rodillos acoplados a los motores, para implementar con mayor facilidad el control de velocidad y un diseño mecánico más sencillo.

CAPITULO VI RECOMENDACIONES

Como punto de partida en el diseño de la máquina lanzas pelotas, considerar el parámetro de velocidad meta a lograr, seleccionando motor y continuar comenzar conel diseño estructural de la máquina y con la marcha, moldear el diseño dependiendo los requerimientos dados para su elaboración.

El material a seleccionar es sumamente importante en el diseño planeado, siempre utilizar la menor cantidad de material que sea posible además de remover espaciosY material innecesario.

En la elaboración de fixturas también debemos considerar los procesos de fabricación los cuales el material debe someterse, realizar cortes al material con herramienta de uso convencional de preferencia para no sumar más al costo final de fabricación, esto debe pensarse durante el diseño de la maquinaria a fabricar.

Al trabajar con un software de diseño debemos considerar la capacidad en nuestro equipo de trabajo, el ensamblaje de componentes puede ser bastante complicado de elaborar cuando el trabajo cuenta con numerosos elementos para su ensamble.

Además, siempre utilizar material y medidas estándar, el no trabajar de esta manera, se desarrolla un proyecto complicado para la obtención de materiales y fabricación.

FUENTES

1.- Harper, G. E. (2002). El ABC del control electrónico de las máquinas

2.- Álvarez Lorente, Manuel y López Labat, Hermenegildo (2005). "Preparación y adaptación del brazo del lanzador de béisbol". Revista

3.- Álvarez Lorente, Manuel y otros (2002): "La efectividad del lanzador. Un retodel pitcheo contemporáneo". Revista digital http://www.efdeportes.com/ Revista Digital - Buenos Aires - Año 8 - N° 45 - Febrero de 2002.

4.- ÁLVARO GONZÁLEZ, H., & HERNÁN MESA G, D. (s. f.). LA IMPORTANCIADEL METODO EN LA SELECCIÓN DE MATERIALES. Scientia et Technica.

5.- ASME Y 14.5-2009, Dimensioning and Tolerancing. New York: American Society of Mechanical Engineers.

Baseball Dimensions & Drawings | Dimensions.com

digital http://www.efdeportes.com - Buenos Aires - Año 10 - N° 89 – Octubre de 2005.

digital http://www.efdeportes.com - Buenos Aires - Año 11 - N° 106 - marzode 2007.

6.- Diseño mecánico con Solidworks 2015. (s. f.). Google Books.https://books.google.com.mx/books?id=_o2fDwAAQBAJ

7.- Ealo De La Herrán, J. (2005). Béisbol. Ciudad de La Habana: Editorial Pueblo y Educación; Tercera Edición.

8.- Empresarial, C. (2022, 31 julio). La historia del béisbol en México. Caribe Empresarial. https://caribempresarial.com/la-historia-del-beisbol-en-mexico/

9.- Garcia Melo, J. I. (2004). Fundamentos del Diseño Mecánico (1.a ed.).Universidad del Valle. https://books.google.com.mx/books?id=2RqUgt9YISEC&printsec=frontcover&dq=que+es+el+dise%C3%B1o+mecanico&hl=es&sa=X&redir_esc=y#v=onepage&q&f=false

10.-González García, Iván y Hernández Mayán, René (2007): Béisbol: algunas consideraciones sobre los lanzadores. Revista: la-habilidad-de-lanzar-de-los-pitcher-de-beisbol.htm
https://books.google.com.mx/books?id=2Jp7EpxiMbwC&pg=PA150&dq=definicion+de+motor+electrico&hl=es&sa=X&ved=2ahUKEwi2-

57W9sr8AhXgJEQIHUEZCYYQ6AF6BAgCEAI#v=onepage&q&f=false

11.- Mexicano, E. P. H. B. |. (2019c, octubre 25). El Tec, 55 años de profesionalismo.El Heraldo de Juárez | Noticias Locales, Policiacas, sobre México, Chihuahuay el Mundo. https://www.elheraldodejuarez.com.mx/local/el-tec-55-anos-de-profesionalismo-4365279.html

12.- TOVAR, E. (Ed.). (2021). Los beneficios de las máquinas-herramientamultitarea. Modern Machine Shop, Modern Machine Shop Mexico. https://www.mms-mexico.com/articulos/los-beneficios-de-las-maquinas-herramienta-multitarea

13.- Villalobos Trujillo, J. R., & Unzué Reina, A. (2008, agosto). Sistema de ejerciciospara mejorar el control en la habilidad de lanzar, de los pitcher de béisbol. Efdeportes.Com. Recuperado 10 de noviembre de 2022, de https://www.efdeportes.com/efd123/ejercicios-para-mejorar-el-control-en-

ANEXOS

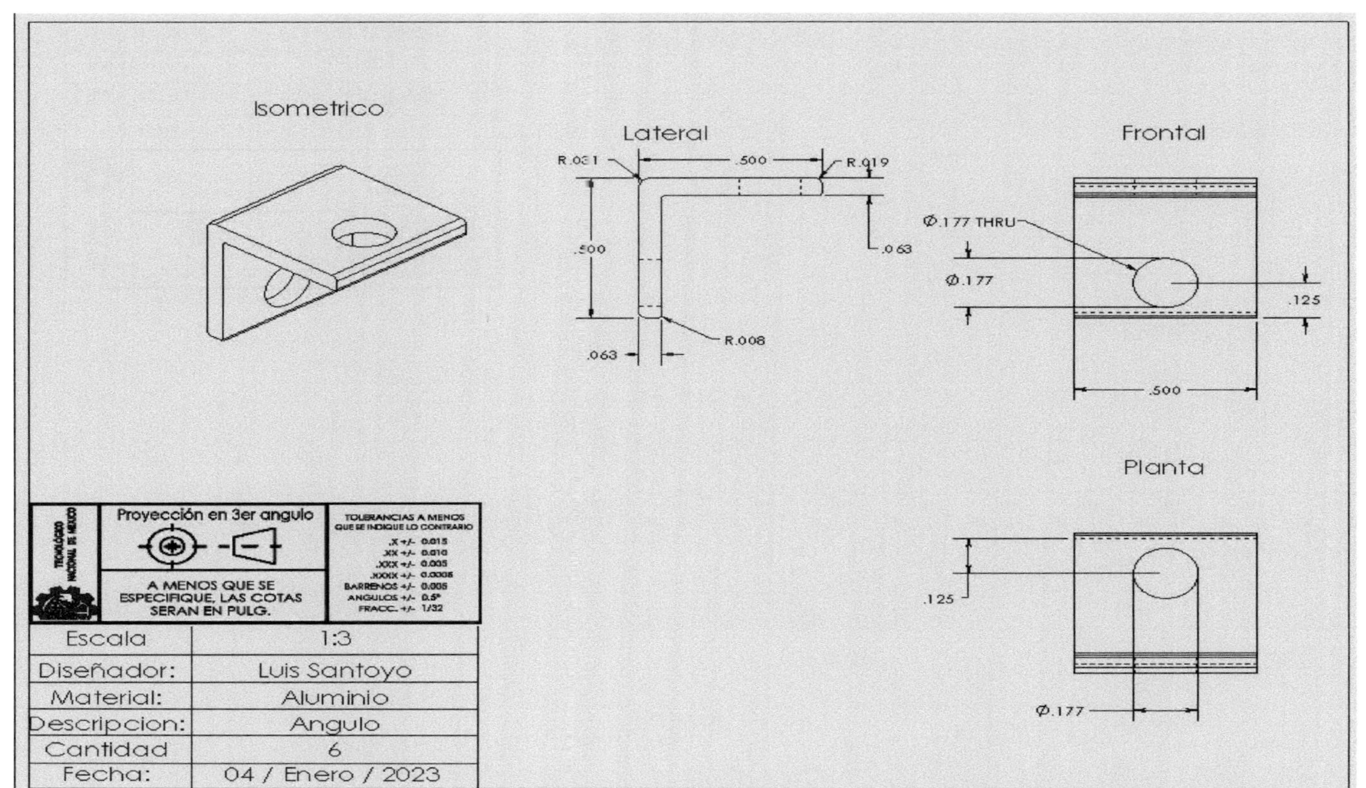

Figura 34 Plano ángulo.

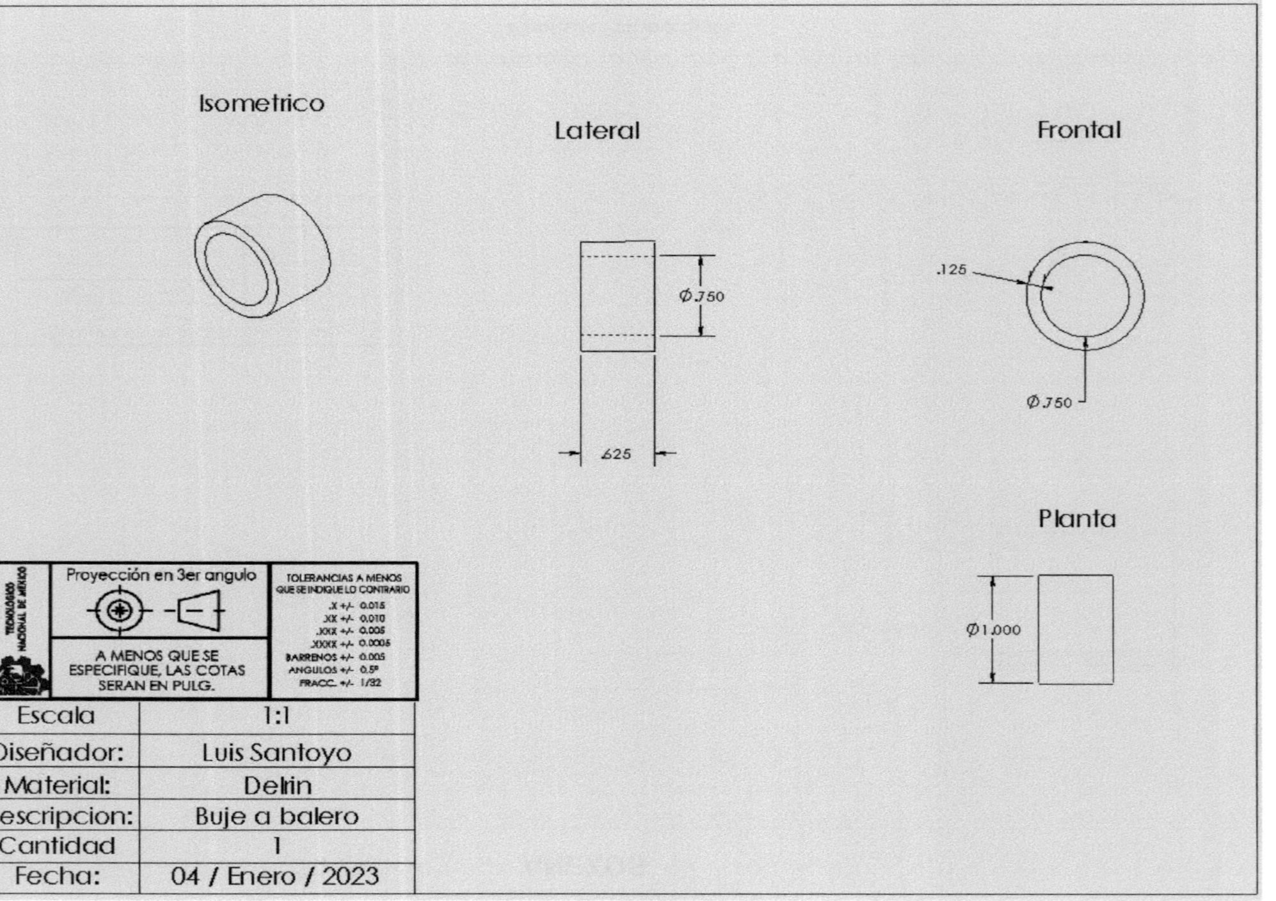

Figura 35 Plano buje a balero

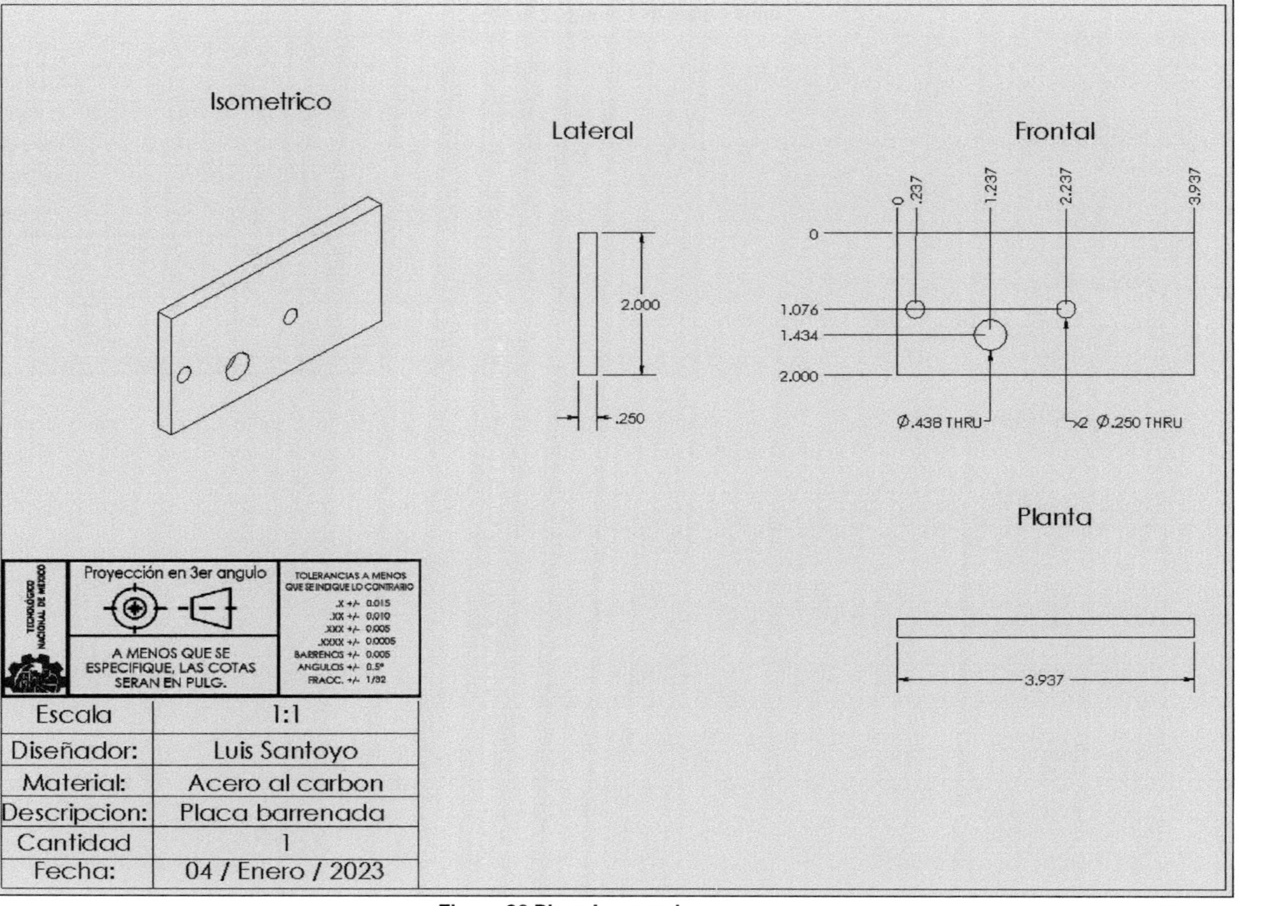

Figura 36 Placa barrenada

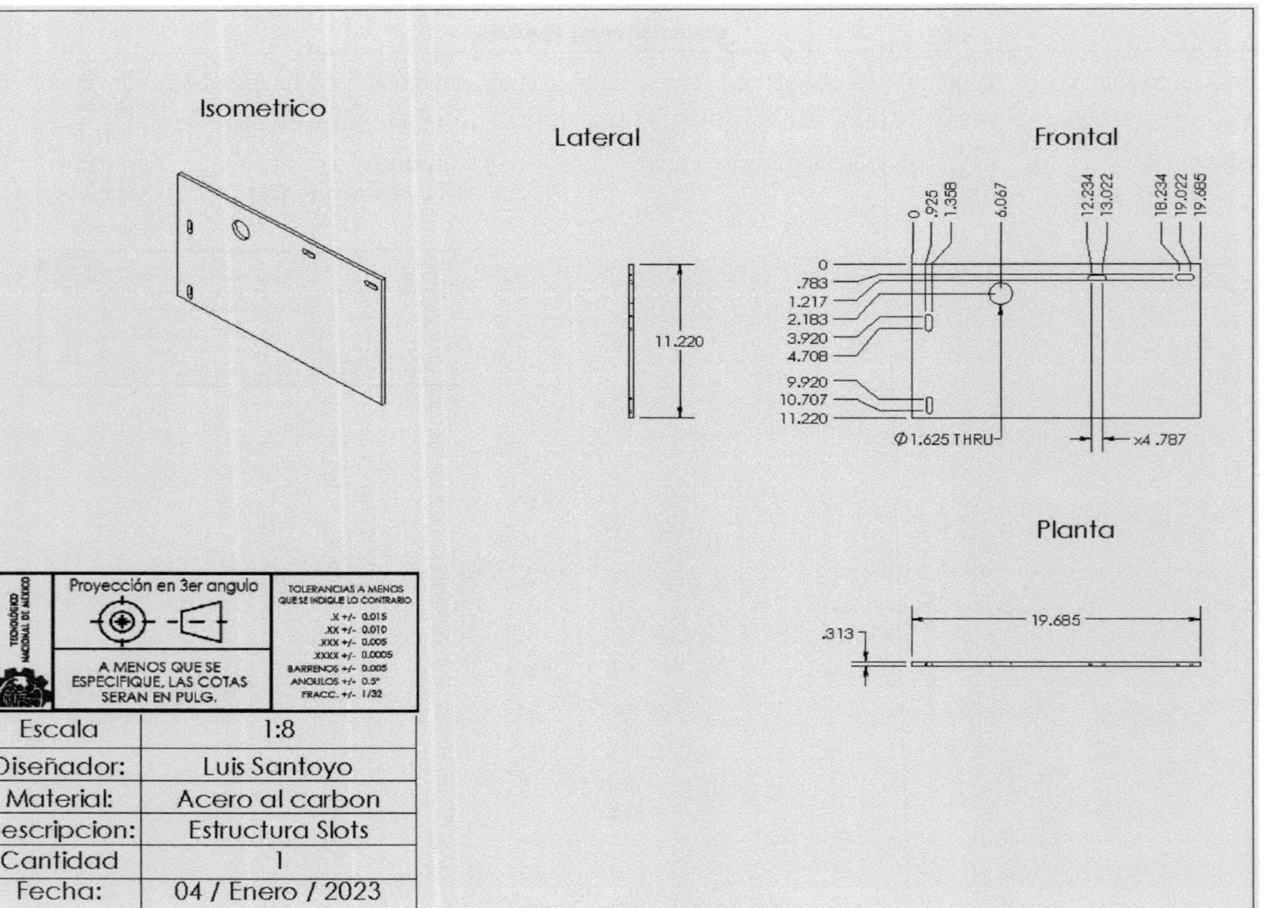

Figura 37 Plano estructura slots

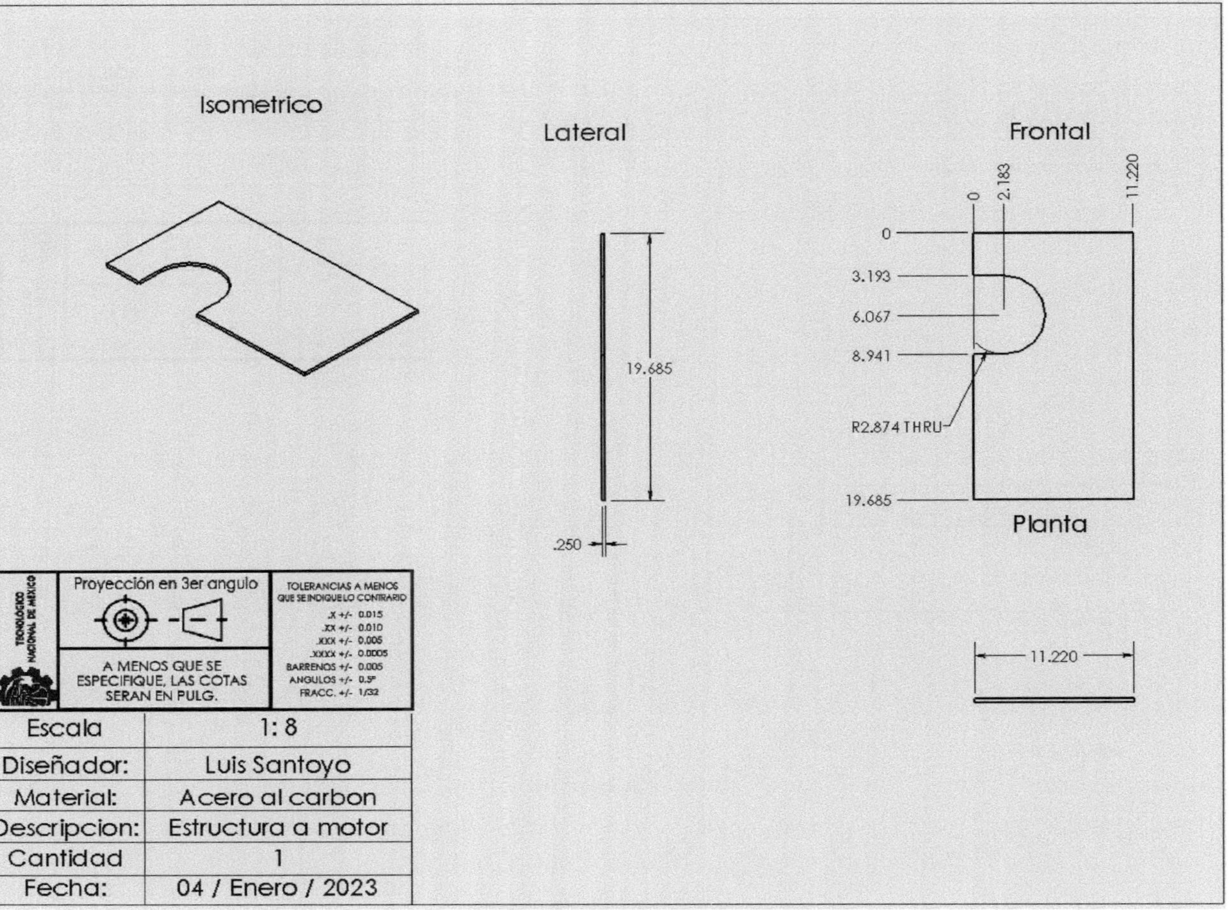

Figura 38 Plano estructura a motor

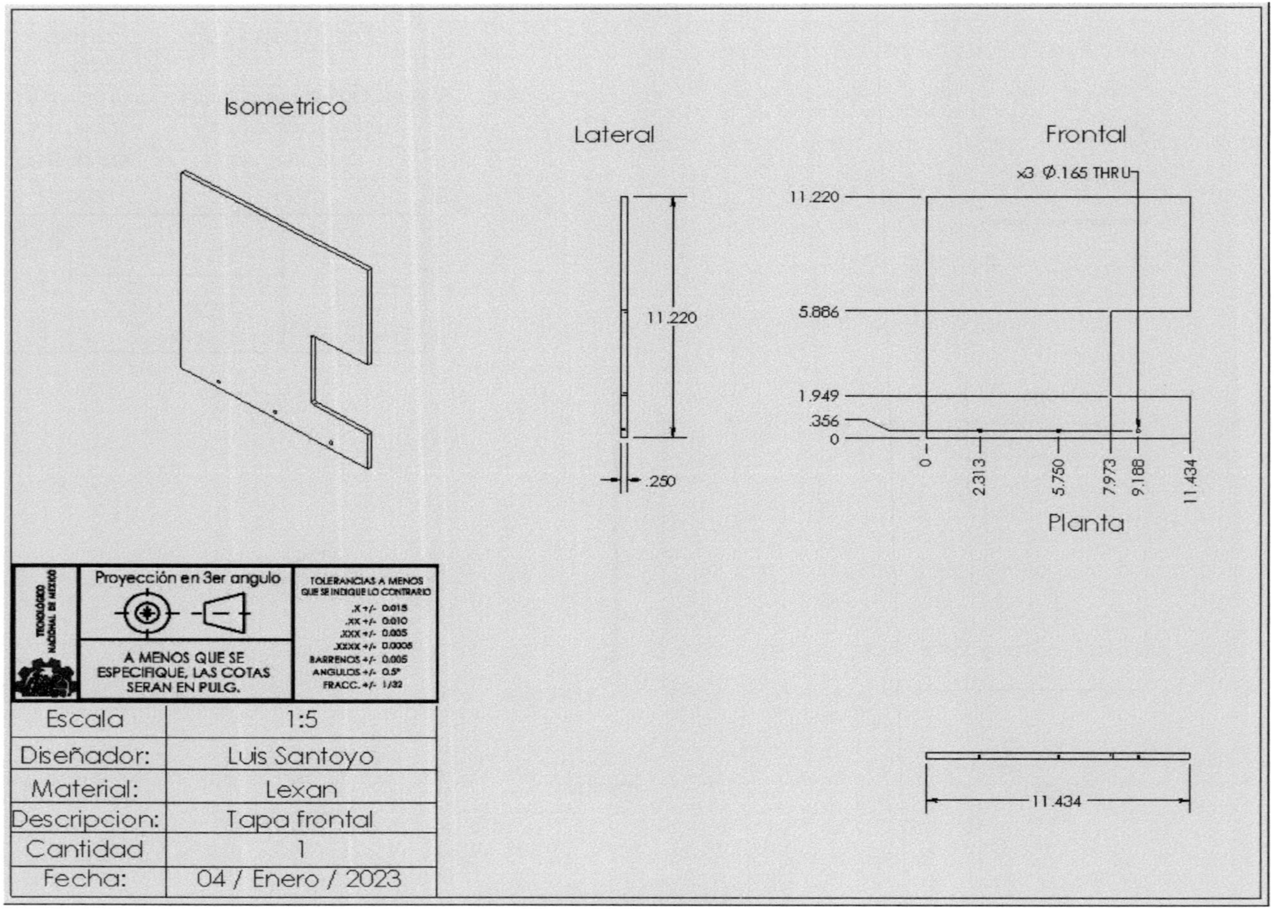

Isometrico

Lateral

11.220

.250

Frontal

x3 Ø.165 THRU

11.220

5.886

1.949

.356

0

0 2.313 5.750 7.973 9.188 11.434

Planta

11.434

Proyección en 3er angulo

A MENOS QUE SE ESPECIFIQUE, LAS COTAS SERAN EN PULG.

TOLERANCIAS A MENOS QUE SE INDIQUE LO CONTRARIO
.X +/- 0.015
.XX +/- 0.010
.XXX +/- 0.005
.XXXX +/- 0.0005
BARRENOS +/- 0.005
ANGULOS +/- 0.5°
FRACC. +/- 1/32

Escala	1:5
Diseñador:	Luis Santoyo
Material:	Lexan
Descripcion:	Tapa frontal
Cantidad	1
Fecha:	04 / Enero / 2023

Figura 39 Plano tapa frontal

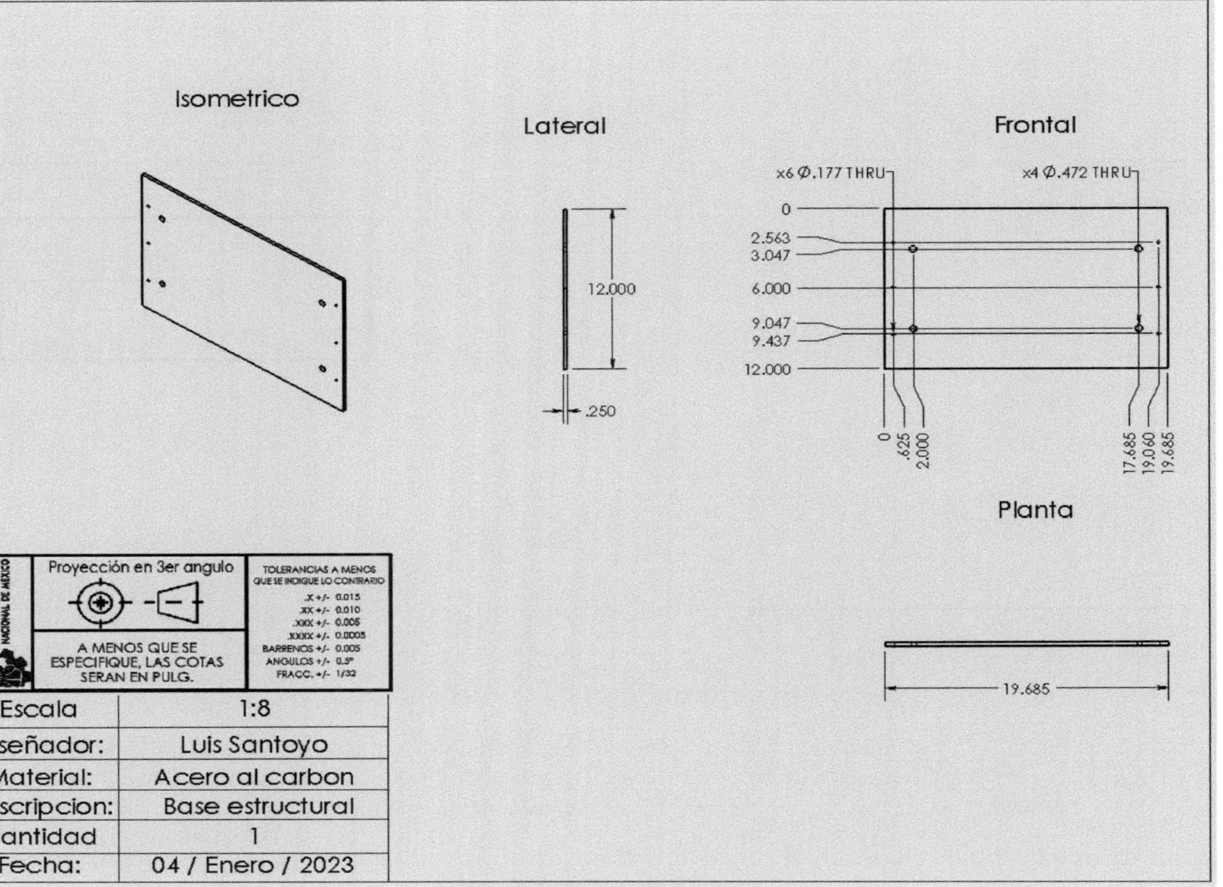

Figura 40 Plano base estructural.

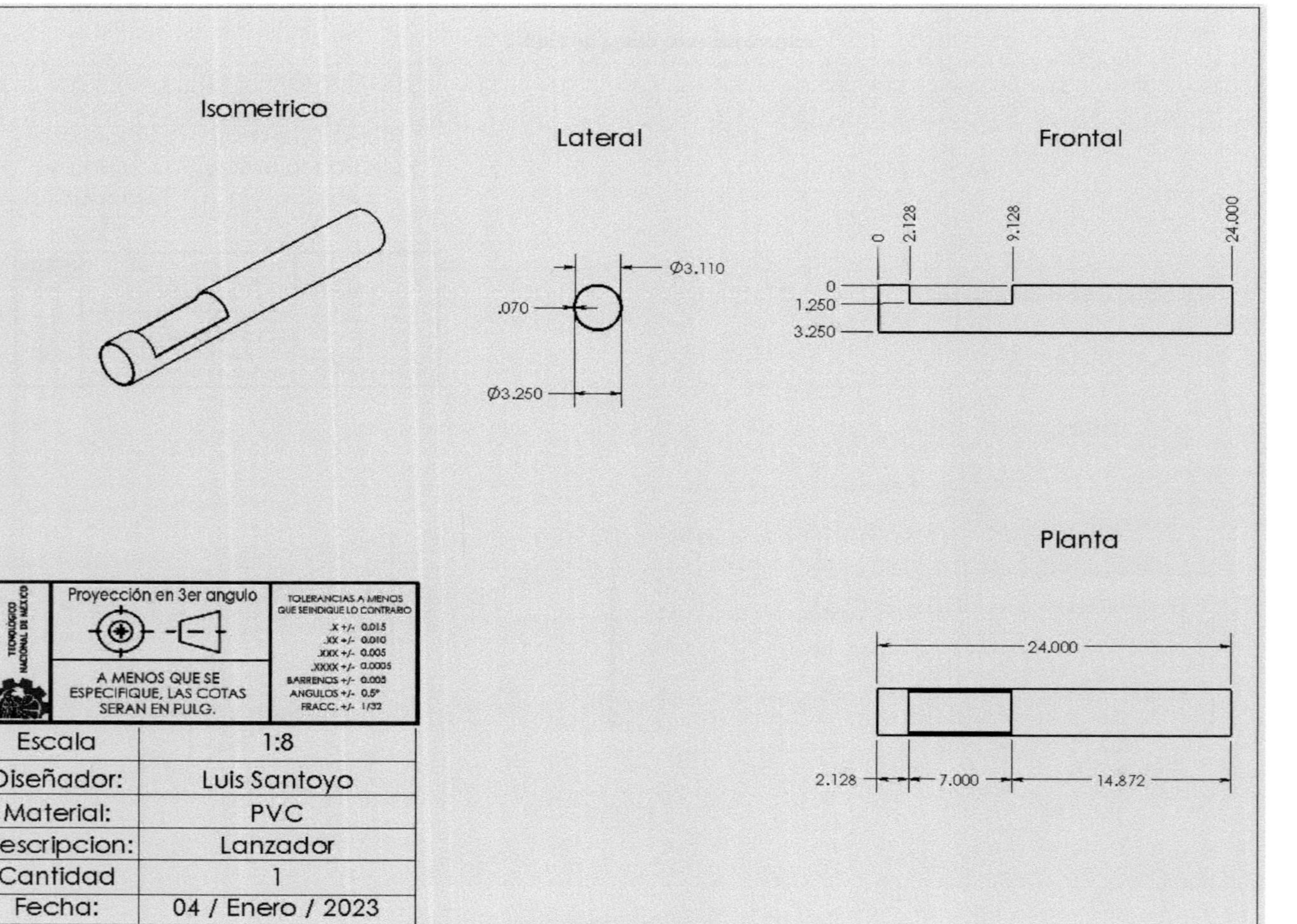

Figura 41 Plano de lanzador.

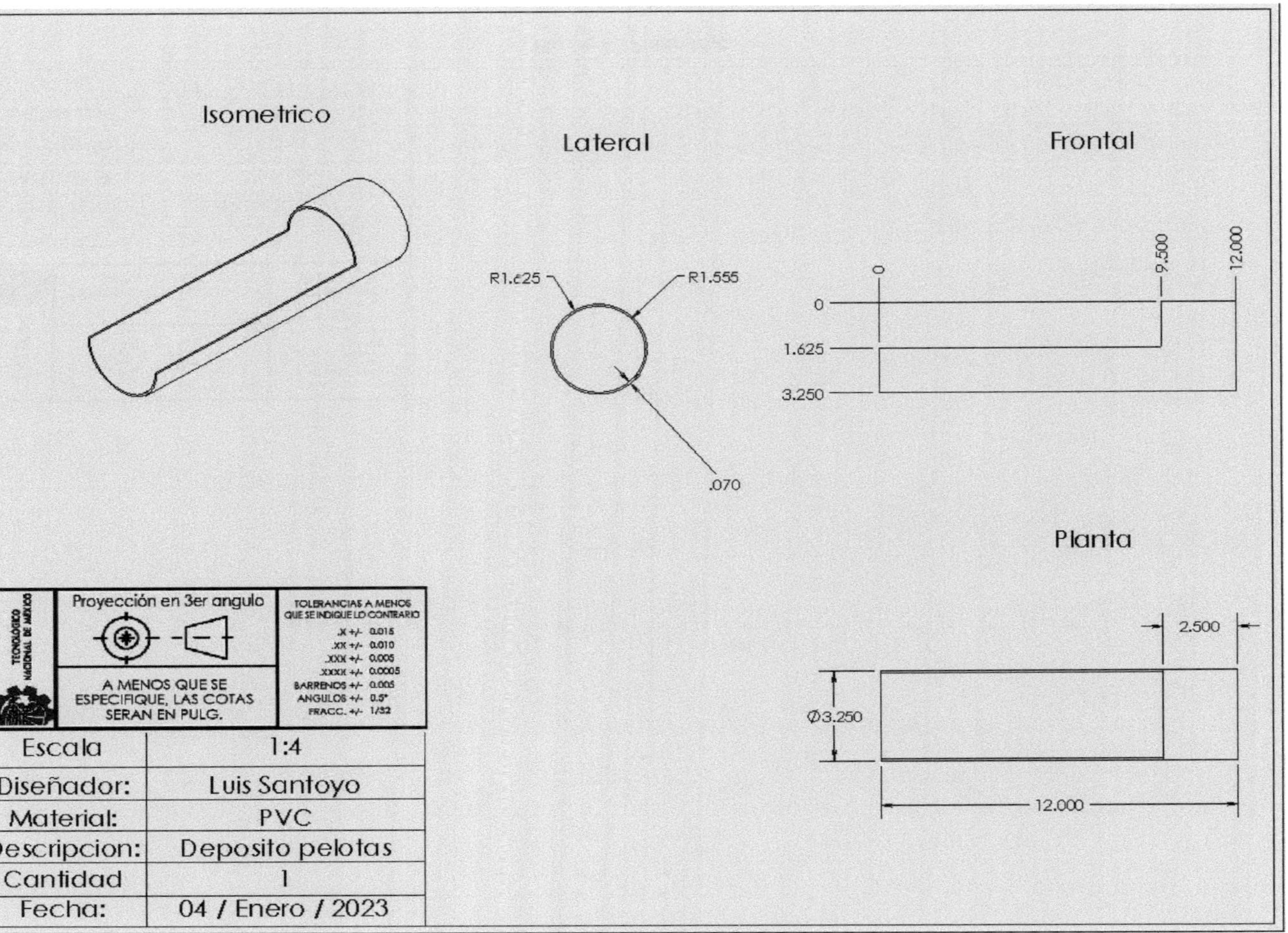

Figura 42 Plano depósito de pelotas.

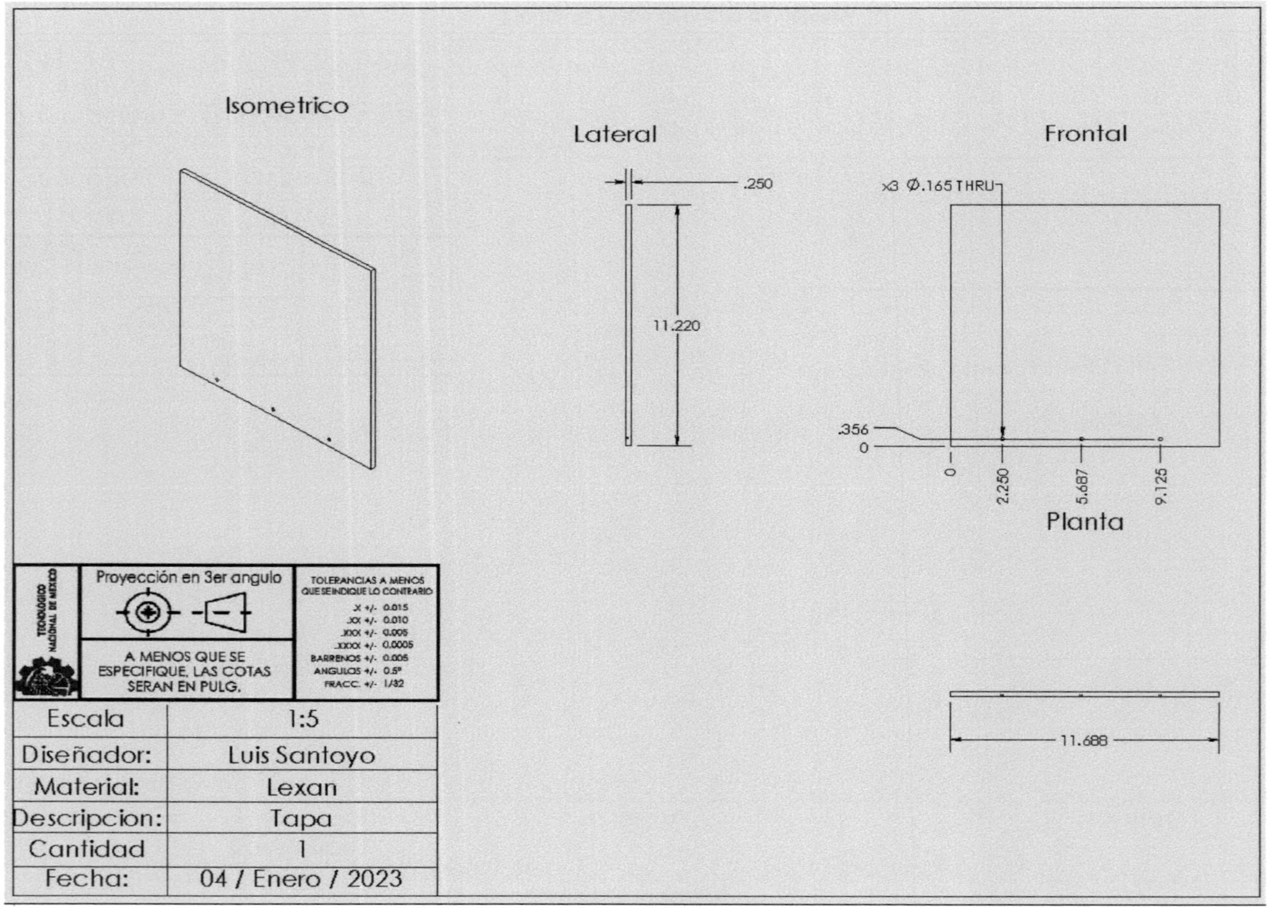
Isometrico
Lateral
.250
11.220
Frontal
x3 Ø.165 THRU
.356
0
0
2.250
5.687
9.125
Planta
11.688
TECNOLÓGICO NACIONAL DE MÉXICO
Proyección en 3er angulo
A MENOS QUE SE ESPECIFIQUE, LAS COTAS SERAN EN PULG.
TOLERANCIAS A MENOS QUE SE INDIQUE LO CONTRARIO
.X +/- 0.015
.XX +/- 0.010
.XXX +/- 0.005
.XXXX +/- 0.0005
BARRENOS +/- 0.005
ANGULOS +/- 0.5°
FRACC. +/- 1/32
Escala 1:5
Diseñador: Luis Santoyo
Material: Lexan
Descripcion: Tapa
Cantidad 1
Fecha: 04 / Enero / 2023

Figura 43 Plano tapa.

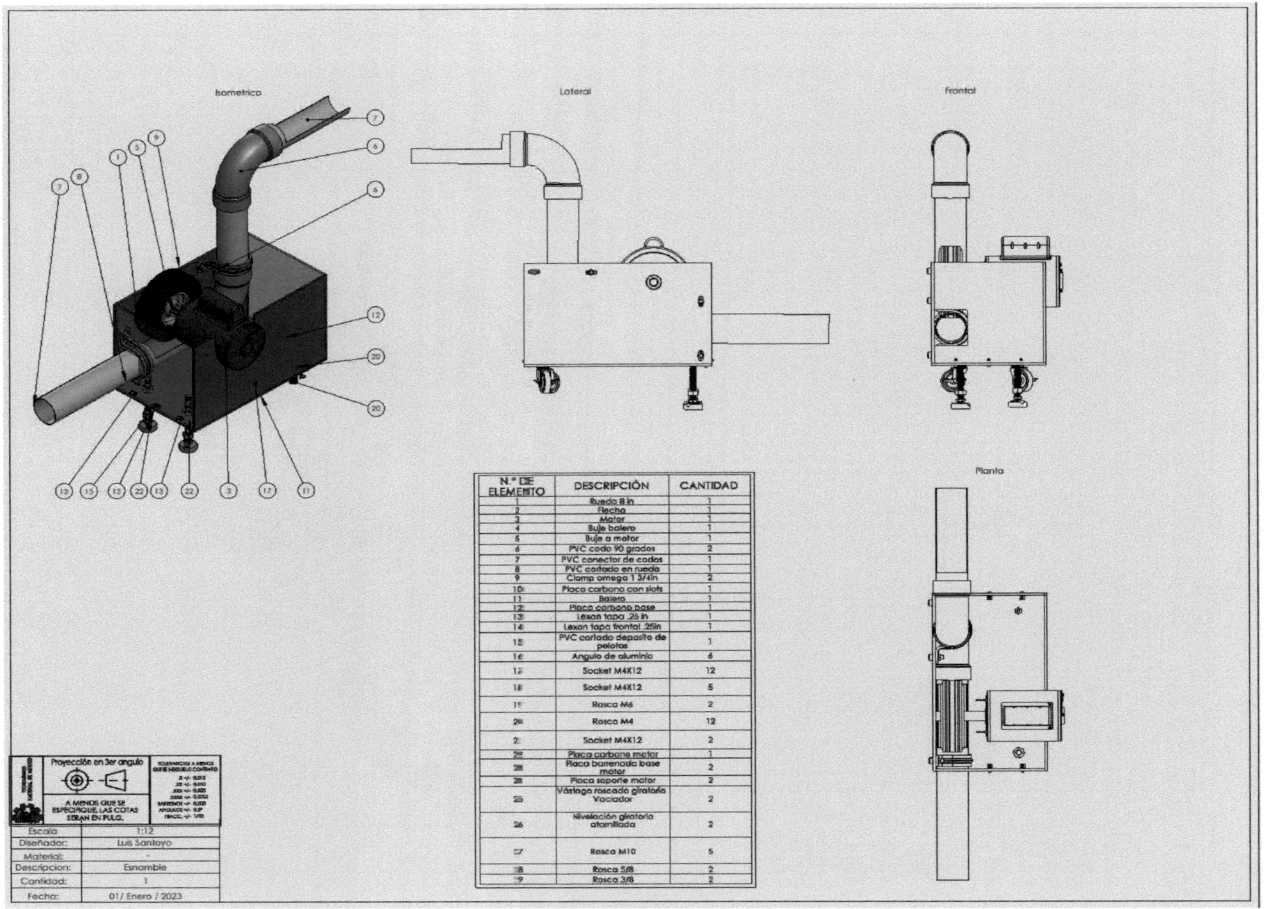

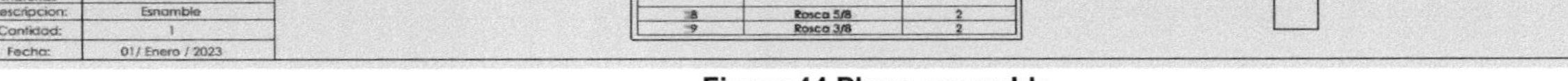

N.° DE ELEMENTO	DESCRIPCIÓN	CANTIDAD
1	Rueda 8 in	1
2	Flecha	1
3	Motor	1
4	Buje balero	1
5	Buje a motor	1
6	PVC codo 90 grados	2
7	PVC conector de codos	1
8	PVC cortado en rueda	1
9	Clamp omega 1 3/4in	2
10	Placa carbono con slots	1
11	Balero	1
12	Placa carbono base	1
13	Lexan tapa .25 in	1
14	Lexan tapa frontal .25in	1
15	PVC cortado deposito de pelotas	1
16	Angulo de aluminio	6
17	Socket M4X12	12
18	Socket M4X12	5
19	Rosca M6	2
20	Rosca M4	12
21	Socket M4X12	2
22	Placa carbono motor	1
23	Placa barrenada base motor	2
24	Placa soporte motor	2
25	Vástago roscado giratorio Vaciador	2
26	Nivelación giratoria atornillada	2
27	Rosca M10	5
28	Rosca 5/8	2
29	Rosca 3/8	2

Figura 44 Plano ensamble.

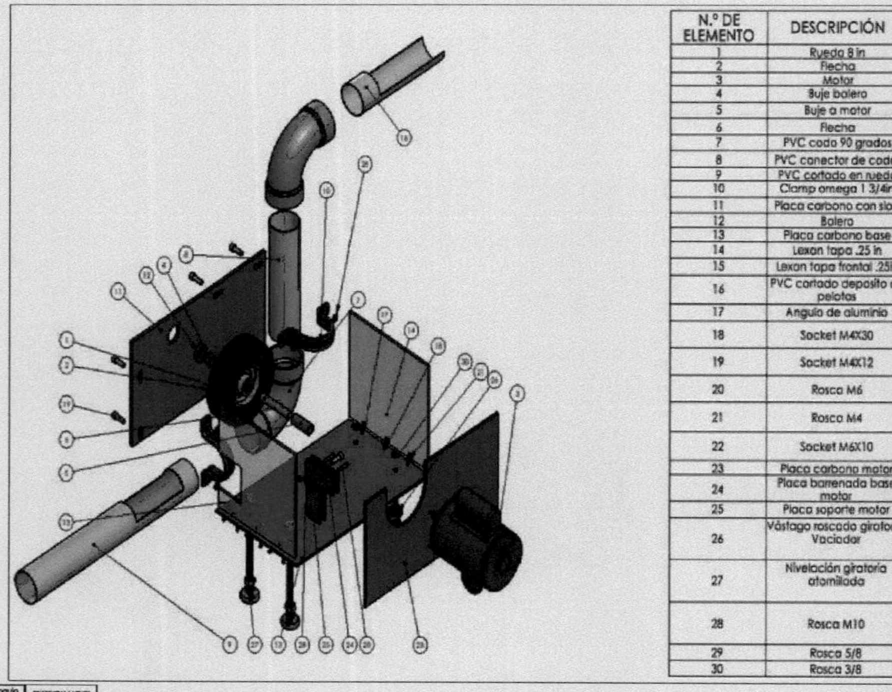

N.º DE ELEMENTO	DESCRIPCIÓN	CANTIDAD
1	Rueda 8 in	1
2	Flecha	1
3	Motor	1
4	Buje balero	1
5	Buje a motor	1
6	Flecha	1
7	PVC codo 90 grados	2
8	PVC conector de codos	1
9	PVC cortado en rueda	1
10	Clamp omega 1 3/4in	2
11	Placa carbono con slots	1
12	Balero	1
13	Placa carbono base	1
14	Lexan tapa .25 in	1
15	Lexan tapa frontal .25in	1
16	PVC cortado deposito de pelotas	1
17	Angulo de aluminio	6
18	Socket M4X30	12
19	Socket M4X12	5
20	Rosca M6	2
21	Rosca M4	12
22	Socket M6X10	2
23	Placa carbono motor	1
24	Placa barrenada base motor	2
25	Placa soporte motor	2
26	Vástago roscado giratorio Vaciador	2
27	Nivelación giratoria atornillada	2
28	Rosca M10	5
29	Rosca 5/8	2
30	Rosca 3/8	2

Figura 45 BOM de materiales y vista explotada.

Printed by Books on Demand GmbH, Norderstedt / Germany